雪菜与高菜

金丝芥雪菜

余姚大力推广甬雪系列雪菜

余姚高菜基地

鄞雪182号雪菜

甬高2号高菜

三池高菜

包心芥菜单株

包心芥菜基地

榨菜的种植、采收与加工

宁波市农业科学研究院选育的榨菜品种

梨园套种榨菜

余姚榨菜生产基地

榨菜收获

榨菜翻池

榨菜块整形修剪

榨菜脱盐处理

榨菜小包装流水线

福椒六号

天宫一号辣椒

红天湖203辣椒

余姚辣椒基地一角

津优1号黄瓜

黄瓜大田

滨海区域

特色蔬菜栽培与加工技术

郑华章　张　庆　主编

中国农业科学技术出版社

图书在版编目(CIP)数据

滨海区域特色蔬菜栽培与加工技术 / 郑华章，张庆主编.
—北京：中国农业科学技术出版社，2017.3
ISBN 978-7-5116-2984-5

Ⅰ.①滨… Ⅱ.①郑…②张… Ⅲ.①蔬菜园艺②蔬菜加工
Ⅳ.①S63②TS255.5

中国版本图书馆 CIP 数据核字(2017)第 034669 号

责任编辑 崔改泵
责任校对 马广洋

出 版 者 中国农业科学技术出版社
北京市中关村南大街 12 号 邮编：100081
电　　话 (010)82109194(编辑室) (010)82109702(发行部)
(010)82109709(读者服务部)
传　　真 (010)82106650
网　　址 http://www.castp.cn
经 销 者 各地新华书店
印 刷 者 北京富泰印刷有限责任公司
开　　本 889 mm×1 194 mm 1/32
印　　张 5.75 **彩插** 4 面
字　　数 170 千字
版　　次 2017 年 3 月第 1 版 2017 年 3 月第 1 次印刷
定　　价 30.00 元

《滨海区域特色蔬菜栽培与加工技术》

编　委　会

主　编　郑华章　张　庆

副主编　孟秋峰　杨伟斌

编　者　（按姓氏笔画排序）

叶培根　刘青梅　许映君　杨伟斌

杨鸯鸯　张　庆　陈　承　陈余平

范雪莲　庞欣欣　郑华章　孟秋峰

姚红燕　郭焕茹　郭斯统　诸渭芳

潘丽卿

前　言

中国滨海地区，幅员辽阔，在1.8万km的海岸线上，有辽宁、河北、天津、山东、江苏、上海、浙江、福建、广东、广西、海南、台湾等12个省（区、市）和香港、澳门两个特别行政区，省辖市以上的大中城市就有杭州、宁波、上海、南京、常州、无锡、苏州、镇江、连云港、南通、扬州等100多个。滨海地区陆海相邻，交通发达、资源丰富，不仅有优美的海滨风光、金黄色的海滩、独特的自然景观、奇特的人文景观，而且有一大片平坦的土地，是新城镇建设和发展农业特色产业的宝贵财富。

作为我国滨海区域特色的典型代表，余姚和慈溪滨海区域位于杭州湾南岸的宁绍平原，地处长江三角洲南翼，东与宁波市江北、鄞州相邻，南枕四明山，与奉化、嵊州接壤，西连绍兴市上虞，是宁绍平原的中心。近年来，该区域以“农业增效、农民增收”为核心，以“健康、精致、生态、高效”为目标，转变农业发展方式，推进产业集聚发展，形成了用于腌制蔬菜原料的滨海区域特色蔬菜产业带，生产效益显著。该产业带主要位于余姚和慈溪北部，包括余姚市泗门、小曹娥、临山、黄家埠等乡镇，以及慈溪市周巷、长河、庵东、崇寿等乡镇，主要种植榨菜、雪菜、高菜、包心芥菜、黄瓜、辣椒等主要用于腌制加工的特色蔬菜，是产业化程度相对较高的一个产业带，在宁波市乃至浙江省蔬菜产业中具有举足轻重的地位。如20世纪60年代初引进种植的榨菜，现已发展成为余姚市农业十大主导产业中产业化程度最高、品牌竞争力最强、农业产业链最全、带动农户增收贡献最大的支柱产业之一，销售网络遍布全国，并远销日本、韩国、美国、德国等10多个亚美欧国家和地区。1995年余姚市被农业部命名为“中国榨菜之乡”，2015年“余姚榨菜”位列中国农产品区域公用品牌价值榜单第3位。

本书作者长期工作在农业技术推广的第一线，直接从事滨海区域特色蔬菜的栽培与加工技术的指导，并就其中关键技术开展了大量的试验研究，总结了滨海区域特色蔬菜栽培与加工的实践经验，本着进一步推动滨海区域特色蔬菜又好又快发展的愿望，在百忙中编写了这部《滨海区域特色蔬菜栽培与加工技术》一书，以期对滨海区域从事这一产业的种植户、生产基地、加工企业和管理者起到抛砖引玉的作用。

全书共10章，170千字，第一章为概述，第二章为基地建设与管理，第三章至第八章分别阐述了榨菜、雪菜、高菜、包心芥菜、黄瓜、辣椒等滨海区域特色蔬菜的标准化栽培技术，第九章阐述了病虫害防治技术，第十章综述了滨海区域特色蔬菜的加工技术。

本书的编写得到了余姚市农林局及有关部门领导的关心和支持，浙江万里学院杨性民教授、宁波市农业科学研究院王毓洪研究员对本书的有关内容进行了仔细审核，并提供了部分相关资料。在此仅向他们以及被参考了图书、论文、资料的作者致以衷心的感谢。

由于本书编写时间紧，作者学识水平及经验有限，缺点错误在所难免，敬请广大读者和各位同行提出宝贵意见。

编　者

2016年10月25日

目　　录

第一章　概述…………………………………………………（1）
　第一节　滨海区域环境及适栽蔬菜特点……………………（1）
　第二节　腌制蔬菜发展的历史、现状与前景展望 ………（3）
第二章　基地建设与管理……………………………………（7）
　第一节　基地类型与建设要求………………………………（7）
　第二节　基地规模、布局与建设 ……………………………（9）
　第三节　基地制度建设 ………………………………………（15）
第三章　榨菜标准化栽培技术 ………………………………（30）
　第一节　起源与分布 …………………………………………（30）
　第二节　生物学特性及其对环境条件要求 …………………（33）
　第三节　品种类型与主要品种 ………………………………（39）
　第四节　育苗移栽栽培技术 …………………………………（41）
　第五节　稻田种植技术 ………………………………………（45）
　第六节　梨园套种栽培技术 …………………………………（47）
　第七节　机械化直播栽培技术 ………………………………（48）
　第八节　提纯复壮与繁育技术 ………………………………（50）
第四章　雪菜标准化栽培技术 ………………………………（55）
　第一节　起源与分布 …………………………………………（55）
　第二节　营养与保健价值 ……………………………………（56）
　第三节　生物学特性及其对环境条件的要求 ………………（57）
　第四节　品种类型与主要品种 ………………………………（61）
　第五节　栽培技术 ……………………………………………（64）

第五章　高菜标准化栽培技术 …………………………… (69)
第一节　起源及营养价值 …………………………… (69)
第二节　生物学特性及其对环境条件的要求 ………… (71)
第三节　品种类型与主要品种 ……………………… (73)
第四节　栽培技术 …………………………………… (74)
第六章　包心芥菜标准化栽培技术 ……………………… (78)
第一节　起源与分布 ………………………………… (78)
第二节　生物学特性及其对环境条件的要求 ………… (79)
第三节　主要品种 …………………………………… (80)
第四节　栽培技术 …………………………………… (81)
第七章　辣椒标准化栽培技术 …………………………… (85)
第一节　起源与分布 ………………………………… (85)
第二节　生物学特性及其对环境条件的要求 ………… (86)
第三节　品种类型与主要品种 ……………………… (90)
第四节　栽培技术 …………………………………… (94)
第八章　黄瓜标准化栽培技术 …………………………… (98)
第一节　起源与传播 ………………………………… (98)
第二节　生物学特性及其对环境条件的要求………… (100)
第三节　主要品种…………………………………… (102)
第四节　栽培技术…………………………………… (104)
第九章　病虫害防治技术………………………………… (110)
第一节　防治原则与主要防治对象………………… (110)
第二节　病虫害综合防治技术……………………… (110)
第三节　主要病虫害为害特点及防治要点………… (117)
第十章　滨海特色蔬菜加工技术………………………… (132)
第一节　基本概念…………………………………… (132)
第二节　蔬菜腌制原理……………………………… (133)
第三节　蔬菜腌制品内含有害物质的危害及防范…… (142)
第四节　榨菜加工技术……………………………… (146)

第五节 雪菜、高菜加工技术 ……………………………… (152)
第六节 包心芥菜加工技术………………………………… (161)
第七节 黄瓜加工技术……………………………………… (164)
第八节 辣椒加工技术……………………………………… (166)
附录 国家禁止和限制使用的农药名单……………………… (168)
主要参考文献 ……………………………………………… (169)

第一章　概　述

第一节　滨海区域环境及适栽蔬菜特点

一、滨海区域环境

滨海区域是介于陆地和海洋生态系统之间复杂的自然综合体，是指陆地与海洋的过渡区域，按照波兰地理学家 J. 斯塔泽夫斯基的定义，其区域范畴为离海岸 50km 范围的沿海岸聚落区。就我国实际状况而言，滨海区域在地域上并没有明确的界定，一般是泛指直接与海洋相邻的县及沿海大中城市的范围，即它和海岸带有重叠的部分。在实际应用时通常将城市滨海区域界定为向陆地延伸 10km，向海延伸到近海岛屿、岛礁及其周边海域。狭义的海岸带只是其中的一部分。

滨海区域生物多样性丰富、生产力高、潜在经济价值大，土壤普遍呈盐碱性。如宁波市余姚、慈溪滨海区域，土壤母质为近代浅海沉积体（图 1－1），自海边向内有盐土和潮土两个土类，颗粒匀细，质地均一，粉砂含量高，含可溶性盐类，pH 值 7.1～8.3；全年无霜期约 227 天，多年日均温 16.2℃，年日照时数 2 061h；多台风、多雨量，年平均降水量 1 361mm，降水规律是梅雨—伏旱—秋雨，呈“驼峰形”，夏伏干热明显。该区域地势广阔而平坦，环境条件变化剧烈，生态系统也相对较为脆弱，容易受到破坏且修复难度较大。历史上多以种植棉花及耐盐碱性作物为主，但由于滨海生态环境与棉花生长需水两头少、中间多，呈“金字塔形”的特点恰恰相反。因此，棉花生产虽能高产，但难以稳产，产量波动幅度很大。

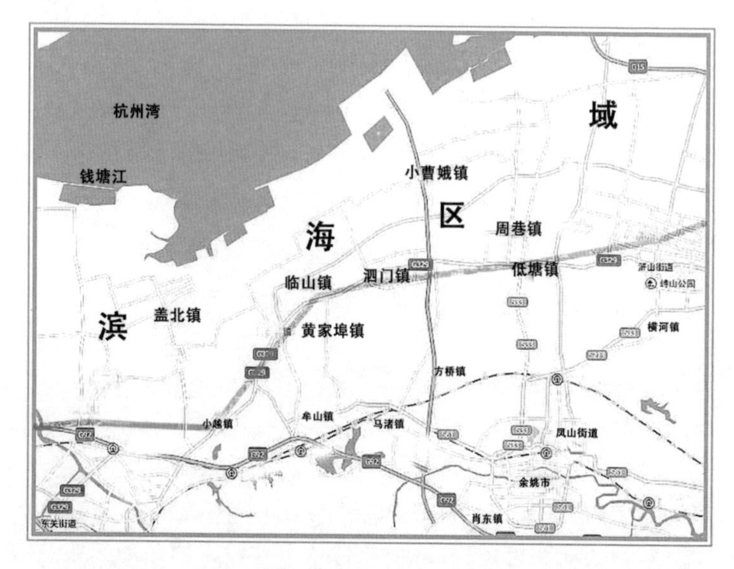

图 1－1　宁波市余姚、慈溪及绍兴市上虞区滨海区域部分图

随着种植业结构的调整，棉花面积已日渐减少，而经济效益较好的榨菜、雪菜、高菜、包心芥菜、黄瓜、辣椒等蔬菜则逐年增多，目前已成为该区域的特色产业。

二、滨海区域适栽蔬菜的特点

滨海区域适宜发展蔬菜生产，但并不是所有蔬菜都适宜滨海区域种植。就宁波市而言，目前滨海区域栽种适于腌制加工、面积较大的蔬菜有榨菜、雪菜、高菜、包心芥菜、黄瓜、辣椒等，由于这些蔬菜具有较多的共性，故被统称为“滨海区域特色腌制蔬菜”。它们的特点如下。

(1)较耐盐碱，抗逆能力较强。

(2)栽培面积较大，露地栽培为主，适于规模经营。

(3)产业基础较好，产、加、销一体化程度较高。

(4)产品主要供加工企业作腌制蔬菜的原料。

第二节　腌制蔬菜发展的历史、现状与前景展望

随着人民生活水平的提高，人们对于蔬菜的需求逐步由以往追求数量多、价格便宜转变为追求产品的高质量、多品种、洁净、卫生和有营养。同时随着社会的进步，生活节奏的加快，家庭收入的提高，使人们对改善生活质量的愿望越来越强烈，饮食上已不满足于仅有足够数量的蔬菜，而更注重卫生、营养、保健和方便。不同年龄、不同群体、不同职业和不同消费层对蔬菜的品种、质量和档次有不同的需求，消费呈个性化、多样化、时尚化和多层次化。但新鲜蔬菜是活的有机体，采收后的蔬菜仍在不断地进行呼吸作用，营养物质不断地被消耗；与水果相比，蔬菜的外表皮较薄，表面蜡质层也薄，更容易蒸腾失水、破损及被微生物侵染腐败变质。大多数蔬菜在常温下难以贮藏，不易保持原有的新鲜度和品质，短期放置后极易丧失营养和食用价值。在我国，蔬菜采后的损失率高达40%～50%，商品损失率超过30%。

新鲜蔬菜加工成各种形式的产品，可以有效地解决新鲜蔬菜不易贮藏、保鲜的问题，有利于协调蔬菜的生产和销售，其中腌制蔬菜就是滨海区域普遍采用的一种方式。腌制蔬菜加工方法起源于周朝，距今已有2 500多年的历史。腌制蔬菜制品，按其含水量的多少可分为湿态、半干态、干态，但三者之间没有明显的划分界线，三者的共同点就是用盐直接渍制。

我国有较长的海岸线，滨海区域辽阔，适宜大力发展耐盐碱的特色蔬菜，对腌制蔬菜加工企业提供充足的原料，促进滨海地区农业经济发展，具有重要意义。

一、发展历史与现状

蔬菜腌制起源于我国，古典名著早有记载，如《诗经》中就有“中田有庐，疆场有瓜，是剥是菹”之说，所谓“菹”，即指酸菜（腌菜）。千百年来，生生不息、世代相传，通过不断发展和创新，腌制

产品已是种类品种繁多，咸、酸、甜、辣，应有尽有，其中，最有名的老字号加工企业有北京的六必居酱园（明嘉靖九年），月盛斋（清乾隆四十年），天源酱园（清同治八年），扬州、无锡的“三和”“四美”等；最著名的腌制产品有四川和余姚的榨菜、北京和南充的冬菜、贵州酸菜、扬州酱菜、吉林渍蕨菜、天津白玉蒜米、萧山萝卜干、云南大头菜、宜宾芽菜，湖南、湖北、广东等省的各种腌制荞头等。这些腌制产品品质优良、色香味俱全，风味独特、营养丰富，不仅国内驰名，而且远销国外。

我国腌制菜生产的真正发展是在新中国成立以后，尤其是在改革开放以后，我国食品工业发生了巨大的变化，食品工业成为国民经济的支柱产业。腌制菜（含酱腌菜）的发展也十分迅速，主要表现在腌制生产企业增多，其品种和产量都在不断增加和扩大；腌制品的质量有了进一步的提高；成立了行业协会，并制定出一系列行业标准。新技术、新设备的应用推动了腌制品的持续发展。

中国榨菜与欧洲酸菜、日本酱菜并称为世界三大名腌菜。宁波榨菜产区主要分布于位于余姚市的泗门、小曹娥、临山、黄家埠等滨海平原乡镇，相邻的慈溪市周巷、上虞市盖北等滨海平原乡镇也广为种植。经过几十年种植、加工、创新和提高，现已形成了一套独特的高产栽培技术规范和加工工艺流程，并在加工生产技术上、设备上不断更新。目前，无论是榨菜的种植规模还是加工规模及机械化生产程度，均居全国领先水平，成为全国榨菜主产区之一。

余姚市榨菜产业的发展，就是其中一个成功的案例。余姚市于 1962 年引入榨菜试种，经过 50 多年的试验研究、示范推广和龙头企业的订单带动，榨菜产业得到了迅猛发展。至 2015 年，余姚榨菜建立基地 8 万多亩（15 亩＝1 公顷；1 亩≈667m^2。全书同），年产鲜头近 30 万 t；培育榨菜加工龙头企业 22 家，销售额达到 14 亿元，出口创汇 5 000多万元，带动从业人员 5 万多人，已成为余姚市农业十大主导产业中产业化程度最高、品牌竞争力最强、农业产业链最全、带动农户增收贡献最大的支柱产业，获得了“中国榨菜之乡”“原产地地理标志”“2015 全国互联网地标产品（蔬菜）50 强”等美誉。除榨菜外，近年来作为腌制蔬菜原料的雪菜、高菜、包心芥菜、辣椒、黄瓜等特色蔬菜，在宁波余姚、慈溪、鄞州、宁海、象山等滨海区域都有较快发展。

但是腌制蔬菜加工业也还存在一些问题。一是我国蔬菜加工业基础薄弱，产业发展不平衡，主要问题表现在：生产企业小而分散；生产机械化、自动化程度还偏低，劳动强度大，效率不高；加工产品品种单一，质量有待于进一步提高；加工专用品种研究和基地建设重视不够；标准和质量控制体系滞后。随着绿色经济浪潮的兴起，许多国家和地区制定了严格的准入制度，形成“绿色壁垒”“技术壁垒”，而我国现行的标准基本上是在“七五”期间制定的，已经严重影响了行业的发展；科技投入严重不足，对腌制发酵机理及其对制品色、香、味的影响等系列研究甚少。二是原料基地建设和产业拓展上，也有许多问题需要加以研究解决，如种植种类相对单一，多限于榨菜、雪菜、高菜等，对国内外市紧俏又适宜在滨海区域种植的一些蔬菜没有大的发展；滨海特色蔬菜生产机械化程度不高，劳动强度大，花工多；栽培过程中如何控施化学肥料、少用或限用化学农药还需做进一步探索。

二、发展前景与展望

改革开放以来，我国腌制蔬菜加工产业伴随滨海区域特色蔬菜的发展已取得巨大成绩，腌制蔬菜制品不仅满足了国内市场的需求，而且还拓宽了外销渠道。目前我国腌制蔬菜主要出口日本、韩国、美国、新加坡，尤其是日本和东南亚国家对腌制蔬菜的需求量很大，日本进口的蔬菜加工品中 55% 是腌制品，其中约 80% 从我国进口。日本市场每年消费腌制蔬菜约 40 亿美元，预计中国对日本出口腌制蔬菜还将会不断增加。

目前，新技术、新设备已在腌制蔬菜加工过程中得到了广泛应用。余姚市的备得福、国泰，慈溪市的神棋、咪咪乐，鄞州区的三丰可味等腌制蔬菜加工企业，从清洗、切分、脱盐、脱水到调味拌和、灌装封口、灭菌等工艺，已全部实现了机械流水线作业，如：原料切分利用切菜机，翻菜采用行车（吊车），脱水采用离心机或压榨机，装袋封口用定量装袋和真空包装设备，灭菌采用巴氏灭菌机、微波或辐照灭菌设备等。不仅减轻了劳动强度、提高了生产效率，而且可稳定质量，提高市场竞争力。现代微生物发酵技术（如纯乳酸菌或多功能菌发酵制作泡菜和酸菜等）的应用不仅使腌制时间缩短，而且可提高腌制品的贮存时间，在盐分低于5%的情况下，腌制品保鲜期可长达6个月；在盐分8%～10%的情况下，可保鲜9个月至1年。新技术、新设备的应用为传统腌制品的发展增添了腾飞的翅膀。

我国有2 000多个县（市），以平均每个县至少有一个调味品厂（包含酱油、醋、酱腌菜等企业）计，那么全国至少有2 000多个腌制品加工企业，每年至少可加工处理新鲜蔬菜80万t以上，制成品至少也在40万t以上。

面向新形势，腌制蔬菜的生产和销售将会有更大的发展空间，将会有更好的发展势头。根据专家预测，未来腌制蔬菜将向低盐化、方便化、营养化、多样化、绿色化的方向发展。具体有以下几点。

1. 腌制菜低盐化

盐分控制在2%～5%，并向着低糖、增酸的方向发展。

2. 腌制菜方便化

要大量使用小包装（50～200g不等），便于生产和携带。

3. 腌制菜营养化、多样化

健康是人们的第一需求，所以营养食品（功能食品）是当今和今后的市场发展方向。

4. 腌制菜绿色化

绿色食品是无污染的健康食品，是21世纪人们消费的主流。只要我们承认差距，把握腌制菜发展方向，抓住机遇，脚踏实地，艰苦奋斗，完全可以使我国滨海特色蔬菜和腌制加工企业得到更迅猛的发展。

第二章　基地建设与管理

滨海区域土地连片，发展特色蔬菜生产应以适度规模经营为主体，建立标准化生产为要求的生产基地。规范化的生产基地能从源头上确保原料的数量和质量并能持续供应市场。余姚、慈溪、鄞州等地的许多蔬菜加工企业都在滨海区域建有不同类型的特色腌制蔬菜原料基地。

第一节　基地类型与建设要求

一、基地类型

根据基地与企业联系的紧密程度，滨海区域特色腌制蔬菜原料基地可分为自营基地、加盟基地和订单基地三大类(图 2-1)。

图 2-1　滨海区域特色蔬菜基地雪菜采后晾晒

1. 自营基地

自营基地又称自营农场，是企业直接向有关部门或农户承包土地，公司派员工亲自进行相关蔬菜种植和管理的农场。此类农场的种植户基本上都是公司的员工。企业的自营农场主要进行优质标准化生产栽培、农药安全试验、新品种引进试验、储备性的技术研究等工作，为其加盟农场、订单农场的标准化与集约化生产提供样本和示范。

2. 加盟基地

加盟基地又称加盟农场，是指通过自愿合作方式，农场主在其承包或以其他合法方式取得经营权的土地上，根据企业的要求进行蔬菜种植，公司给予相应报酬，从而在双方之间形成权利与义务关系的农场。相对于公司自营农场而言，加盟农场是完全独立的经营实体，具有更大的自主权，运营成本低而效益好；相对于订单农场而言，加盟农场与公司的关系更为紧密、稳定和持久，相互间诚信度更大。因此，加盟农场已逐渐成为蔬菜加工企业原料基地的主力军，不仅可以很好地保障企业的原料来源，同时也能有效缓解种植大户的农产品卖难问题。如浙江海通食品集团有限公司已在慈溪、余姚等地建有 10 多个加盟农场，基地总面积超过万亩。

3. 订单基地

订单基地又称订单农场，指企业和农场之间采用订单合同方式约定产品生产和收购。企业只负责收购符合订单规定要求的农产品，一般不涉及基地的作物布局、生产管理及订单约定外的产品营销等相关内容。农场和企业间的紧密性和稳定性不及加盟农场，相互间的诚信度也较为有限。

二、基地要求

建立滨海区域特色腌制蔬菜基地，必须从调查研究入手，根据环保等部门提供的资料，以“三废”污染轻的地区作为建立滨海特色腌制蔬菜基地的基本条件。

(1)基地附近无造成环境污染的企业。

(2)基地土壤无污染,长期未曾施用含有毒有害物质的工业废渣改良土壤;灌溉用水洁净,符合国家灌溉用水标准。基地及其周边的水库或江河水等水体没有污染,要绝对避免使用工商业污水、生活污水等直接作为灌溉用水;基地上游河流没有排放有毒、有害物质的工厂。

(3)基地所在区域地势高燥平坦、土壤肥沃、排灌方便、土地相对集中连片,交通便捷,但不能紧临交通主干道,需距主干公路500m以上,既方便基地农资和蔬菜产品的进出,又尽可能不受交通工具排放物的污染。

(4)基地初选合格以后,应对环境进行检测和评估,土壤中农药的残留、重金属、硝酸盐及其他有害物质不能超标;灌溉水应符合国家"农田灌溉水质标准";菜田所处地域的空气污染物量应低于"保护农作物的大气污染物最高允许浓度"。

(5)基地建立后,要有相应的安全隔离措施,以减少外界污染或其他不利因素对基地的影响,如以河道、防护林等环绕基地;或者在基地四周设置一定距离缓冲带,确保基地内蔬菜不受周边农田、果园、苗圃喷洒农药等农事操作的影响。同时,要着重做好工业"三废"、城市排污等外源污染的预防与控制,蔬菜生产过程中对农药、化肥、生长调节剂等农业投入品不合理使用和蔬菜残株等废弃物处置利用不当带来的污染能进行预防与控制。

第二节　基地规模、布局与建设

一、基地规模与布局

基地规模应根据区域规划、生态环境条件、加工企业需求、经济合理性、生产方式、管理水平等因素综合考虑确定。一般要求滨海区域特色蔬菜基地相对集中连片,基地规模至少应在200亩以上。

基地布局应根据腌制蔬菜生产和管理要求来确定,其布局一般分管理区、生产区和生活区 3 个区域。管理区主要设置办公区、会议和培训区、产品质量检测区、消毒隔离区等。生产区根据不同需要可设置农资仓库区、农具存放区、育苗区、大田生产区、“三新”技术试验展示区和采后处理区、预冷保鲜储藏区等多个区块，生产区要求相对集中连片，土地平整，沟、渠、路、水、电等基础设施设计科学、配置合理，尤其是须配备独立的强制排涝设施，建成涝能排、旱能灌及主干道硬化的高标准蔬菜田。生活区内设置宿舍、食堂、娱乐、保健等场所。各功能区及建筑物之间应界限分明，设施齐全，布局科学合理，生产与生活区分离。

二、基地建设

蔬菜基地建设是一项复杂的系统工程，从大的方面讲涉及政治、经济、交通、气候等多个方面；从其建设本身来讲主要包括农田基础设施、生产管理配套设施、集约化育苗设施、农业机械化设施装备、土地平整和肥力提升等多个方面。建设时，必须按照“田成方、土肥沃、沟相连、路相通、旱能灌、涝能排、作业便”的标准化要求进行施工。

（一）基础设施

农田基础设施建设是农业生产的基础，更是确保加工蔬菜企业有充足原料供应的基础。其建设重点包括田间道路、灌排水系统、围堰、农电管网、农机装备、生产管理综合用房等工程建设。

1. 田间道路系统

按照集约节约用地、方便生产、适度超前、降低投入的原则，结合地形地貌特点规划建设，并与土地整治和排灌设施结合紧密。平原地区要突出农田成方、地块较大，以方便机械耕作、运输和农事操作需要，建设重点是机耕路和田间作业道。

（1）机耕路。基地内交通设计要求主机耕路、支机耕路、田间作业道和进出基地的主干道都能相互衔接，形成网络，各级道路与菜田、渠道设置相结合，既减少占用农田又有利于农业机械操作。一般按照“主路中间、支路两边”的原则布局基地机耕路，主机耕路要保证大中型农业机械能顺利会车,支机耕路要保证大中型农业机械进出顺畅。

功能:通行拖拉机和农用运输车。

规格:一般主机耕路宽 4m,支机耕路宽 3m,路与路间转角半径 4m,高于田面 0.3m 左右。若主机耕路较长、车流量较大,需间隔一定距离设置农机交汇点以方便农机交汇,如每隔 300m 设置一个交汇点。

一般机耕路可依田间渠道相伴而设,以利排灌渠道开挖土方就地回填成路,靠农田一侧用浆砌石护脚,确保路基长久稳定。每一田块应设置出入田坡道,过渠处相应设置机耕桥等设施。

路体结构:一般由面层、基层、底基层与垫层组成,也可由简化结构组成,设面层和基层。路基基层填筑厚度以 20～25cm 为宜,面层填筑厚度 15～20cm。基层宜采用水泥稳定碎石等半刚性材料,也可采用水泥稳定粒料(土)、石灰粉煤灰稳定土、石灰稳定粒料(土)、填隙碎石或其他适宜的当地材料铺筑。面层可采用 10cm 厚泥结石、沙石路面,或 15cm 以上厚度的 C30 混凝土路面。

(2)田间作业道。功能:满足操作人员田间生产、生产资料下田和收获农产品等田间运输活动的需要,可通行人力车和小型耕作机械等。

规格:一般路面宽度不大于 2.0m,其中硬化部分宽度 1.0～1.5m。可采用水泥预制板铺设,不得破坏土壤耕作层。

2. 灌排水系统

蔬菜生产基地应建立完善的排灌系统,主要包括进水渠道、蓄水池、节水灌溉设备、排水沟、强制排水泵站等。各地要因地制宜明确灌排重点,总体上在地势平坦且相对较低的滨海平原区域,在建设灌排水系统时要重点突出排水。

(1)进水渠。一般要求采用钢筋混凝土浇筑“三面光”渠道或 PE 管道,从基地外引入灌溉水源,与田间蓄水池等相连。为避免灌溉用水压力或水量不足,应进行水力计算确定干、支渠道规格或管道管径，以保证干旱时能满足蔬菜生长需要的灌水要求。

(2)蓄水池。蓄水池是蔬菜基地灌溉用水的主要形式，根据多年经验，规模基地宜按基地面积的1%～2%配置灌溉池塘、蓄水池等。蓄水池一般要求池深2m，长度和宽度因地形而建，蓄水池配建要掌握满足需要、适度超前的原则。采用砂浆砌砖，混凝土池底，钢筋混凝土或水泥预制板盖板，砂浆抹面，也可采用钢筋混凝土浇筑，配置钢筋混凝土或水泥预制板盖板。

(3)节水灌溉设备。蔬菜生产提倡采用高效节水微灌系统，可采用固定式喷灌、移动式喷灌、滴灌、微喷灌、微滴灌等多种灌溉形式，单独使用也可综合应用，实现输水管网化、出水微灌化。

灌溉分区：为节省灌溉设备投资，充分发挥其功效，根据生产面积、茬口安排和生产管理的要求，将整个蔬菜基地划分成若干个可以同时灌溉的灌区。一般是将规模100亩的蔬菜基地分成4～5个灌溉小区，每个灌溉小区面积20～25亩。

微喷：选用旋转式微喷器，适用于种植密度较高的蔬菜生产，如榨菜、雪菜等，以及育苗区使用。

滴灌：选用内镶式滴灌带或普通滴灌带，适用于有一定株行距的蔬菜生产，如辣椒、黄瓜等。

微型喷灌和滴灌要出水均匀，首尾出水量误差小于10%；主要部件(喷滴灌和过滤器)使用寿命3年以上。

(4)排水沟。针对滨海区域阴雨天气和台风暴雨天气较多的特点，应十分重视排水沟的建设。排水沟一般可分毛沟、支沟和干沟。“三沟”宜采用钢筋混凝土浇筑“三面光”渠道，或采用大块石干砌，混凝土压顶厚度10cm以上。排水沟的纵横断面应符合边坡稳定和水流通畅的要求。排涝设计一般要求暴雨重现期不少于10年。根据降雨及历时，排水要求为一般降雨时田间不积水，暴雨1～3天排除，田间基本不受淹，地面明水排除后，应在蔬菜耐渍时间内将地下水位降到耐渍深度。

毛沟：与田间畦沟连接并承接其来水的小型排水沟或大棚的

棚头沟，其深度要求低于田面0.6m，宽度以满足实际需要为宜。毛沟坡降一般为800∶1。

支沟：与毛沟连接并承接毛沟来水的中型排水沟，其深度要略深于毛沟，一般要求70cm左右，宽度以满足实际需要为宜。支沟坡降一般为1 000∶1。每间隔20～30m设置一块支撑板，起加固排水沟和方便人员过往的作用。

干沟：与支沟连接并承接支沟来水的大型排水沟，其深度要明显比支沟深，一般要求80～100cm，宽度以满足实际需要为宜。主沟坡降一般为（1 500～2 000）∶1。主沟也需每间隔一定距离设置一块支撑板，起加固排水沟和方便人员过往的作用。

露地栽培区一般按田块长度每50～60cm，与畦沟垂直设置一条毛沟；大棚栽培或育苗区一般在大棚的一端设一条棚头沟。支沟和干沟的设置距离依田间实际情况和排水需要而定。

（5）强制排水泵站。针对绝大多数蔬菜不耐涝的特点，新建基地须设置强制排水泵站。具体应综合考虑基地地势、规模和最大降水量等实际情况，按照50年一遇标准在基地周边设置1个或多个排水泵站，确保一般暴雨天气田间不积水，重大洪涝灾害天气田间不淹水。泵站要求电泵和柴油泵相配套，大型基地要求配备单独的发电机，以免灾害性天气期间因断电而影响泵站作用的正常发挥。

3. 围堰

在规模基地建设时，要求在基地外围修建围堰，以最大程度减轻台风暴雨天气基地外洪涝水灾对基地的影响。一般要求围堰高度50cm左右、厚度10～15cm，可采用砖石浆砌，水泥抹面，或者混凝土现浇，也可在原基地周边堤埂基础上加高而成。围堰建设可结合基地周边机耕路或河岸而建，也可单独修建。

4. 供电管网建设

蔬菜基地用电点主要有办公室及生活区、贮藏和保鲜冷库、初加工车间、育苗大棚设施、施肥、灌溉、杀虫灯及道路照明等，根据能源需求进行供电线路布设。一般只需提供 380V/220V 普通农用电即可,大型基地需单独配置变压设备。

5. 土地平整

土地平整是为满足农田耕作和灌排需要而进行的田块修筑和地力保持等措施。在基地建设过程中,必须从广泛使用现代农业机械进行操作要求出发,抓好土地平整工作,以适应机械化作业,提高劳动效率,减少劳务支出。

土地平整的同时,要注意防范农田肥力下降,防范的有效措施是坚持科学规划、合理利用、用养结合、综合治理的原则,综合工程措施、农艺措施与生物措施,通过种植紫云英等绿肥作物、秸秆还田、增施有机肥等方法,提高土壤肥力,增加土壤有机质。积极推广应用测土配方技术,保持土壤各种养分间的平衡。此外,还可在基地内建设沤制池,将残枝落叶等废弃物和杂草清理干净,集中进行无害化处理,以保持田园清洁,并将充分沤制发酵后的废弃物作为有机肥料施用。

(二)生产设施

1. 集约化育苗设施

根据季节和生态区域不同,应配套建设育苗设施,面积一般按蔬菜基地 1%面积配置。育苗设施包括玻璃温室、连栋大棚、标准钢管大棚、育苗床架、播种场地、催芽室、播种车间等,以及其他如仓库、补光设备等配套设施。

2. 农机装备

根据基地规模、耕作条件、经济实力等因素综合考虑农业机械化规划设计,滨海特色蔬菜基地要最大限度地使用各种机械替代人工和手工工具进行生产,要有针对性地使用不同形式、不同规格的耕作机械、播种和移栽机械(包括播种流水线或播种机,基质搅拌机等)、覆膜机、中耕培土机、固定式或移动式喷灌机、喷雾植保机械、采收机械、运输机械(农用拖拉机、电瓶运输车等)、保鲜冷藏车等,尽可能使蔬菜生产过程大部分或全程实现机械化。

3. 生产用房

生产用房包括育苗准备场地，以放置穴盘、基质以及育苗流水线等；产品分级整理包装场地和专门的保鲜冷藏库、农资仓库等。化肥和农药应单独分开贮存，防止交叉污染；贮存温度要适宜、通风良好、有防火、防泄漏的措施与设备。农药仓库内配置废物与污染物收集桶，以收集农药空包装等污染物。农机装备放置场地，根据农机装备数量和大小配置一定面积的农机具放置场地。

（三）其他设施

1. 管理用房

管理用房包括办公室、会议室、检测室和培训室等，办公室存放有关生产管理记录档案、张贴投入品管理、农药保管及安全使用等各类规章制度。检测室利用快速检测技术及时对蔬菜产品进行农残检测。培训室在蔬菜生产关键环节开展不同类型的科技培训。

2. 生活用房

员工生活居住用房，按照劳动力人数建设一定比例面积的生活用房。

第三节　基地制度建设

一、基地岗位设置与职责

基地一般由管理人员 7～9 名、固定生产员工若干名组成。设基地主管（或场长）1 名，有条件的配设助理 1 名，蔬菜生产主管 1 名，集约化育苗管理技术人员 1 名，植保技术人员 1～2 名，作业管理及统计人员 1 名；会计、出纳各 1 名。生产员工若干名。

（一）基地主管岗位职责

（1）负责基地的全面工作。

（2）负责组织基地的生产、督促生产计划的安排及落实。

（3）负责掌握财务收支状况，控制生产成本，提高经济效益，落实完成公司领导及相关主管部门下达的各项任务。

(4)负责基地的人员管理工作,经常组织员工学习蔬菜种植技术,努力提高人员素质和技术水平。

(5)做好基地周边环境的治理,为基地生产创造良好的环境。

(6)组织基地各项工作,督促检查基地的卫生和安全工作。

(二)基地助理岗位职责

全面协助主管做好各项工作。

(三)基地生产主管岗位职责

蔬菜生产主管,应具有大专及以上学历或者有两年以上蔬菜生产或者农业技术推广的实践经验,能识别蔬菜主要病虫害并解决蔬菜生产中的一般技术问题,会操作使用计算机上网的人担任,具有协调管理能力。其职责如下。

(1)在基地主管的领导下,负责基地蔬菜生产技术的指导和实施。

(2)有计划、有重点的观察各种蔬菜的生长规律及特点,根据实际情况及时制订出适合的园艺措施并付诸实践,同时指导种植人员抓好蔬菜生产各个环节的管理,有效解决蔬菜种植中遇到的困难。

(3)每天对每一个田块进行观察一次,及时对植株的生长状况进行了解,并对观察的情况进行整理,制定日报表交于统计员,由统计员输入计算机后进行记录和保存。

(4)指导蔬菜植保员防治蔬菜生长过程中发生的病虫害,定期给种植人员传授蔬菜种植基础知识和实用技术。

(5)配合主管助理做好蔬菜种植技术资料的总结和积累工作。

(6)完成基地领导交给的其他任务,积极参加基地组织的集体活动。

(四)基地植保员岗位职责

(1)负责对种植基地环境状况(土壤、水等)的监测,种植前抽取有代表性的土壤送企业检测中心或第三方机构进行农残检测,确认未受违禁物污染方可种植。

(2)监督管理基地的环境卫生，关注作物生长和气温变化，掌握病虫害发生规律并预测预报。

(3)参与讨论和制定安全用药措施及《农药使用手册》，根据防治效果，不断改善和提高农药手册的安全有效性。或者根据企业或进口国要求制定安全用药措施。

(4)与栽培责任人一起讨论制订蔬菜病虫草害防治计划，对整个农场进行日常巡视与监督，发生病虫草害时及时通知栽培责任人进行防治；病虫草害防治过程中发现异常情况时及时向检验检疫机构报告。

(5)每个生产季节至少一次对种植管理人员进行蔬菜栽培技术指导及病虫草害防治培训。

(6)负责定期对灌溉、喷药用水进行违禁药物、重金属等污染物质的监测

(7)负责农药肥料安全使用和农药残留监控，并建立完善的田间管理档案。

(8)观察周边农田作业情况、对任何可能造成飘逸污染的情况进行防范。

(9)负责对基地发生农残问题后的调查取证工作，并接受调查。

(10)负责原料采收时的监督工作，杜绝基地外原料的流入。

(五)基地作业管理及统计员岗位职责

(1)监督植保员的相关工作，并加强对基地所有作业的监督管理。

(2)负责基地的数据统计和记录管理等工作。包括：①发生的病、虫、草名称，施用农药名称、追肥、剂型、用药数量、用药方法和时间，以及农药的进货凭证等；②生长期间分次所用肥料(包括基肥、叶面肥、植物生长调节剂等)的名称、用肥数量、用肥方法和用肥时间以及肥料进货凭证等；③产品分期分批采收时间、采收数

量、出库数量等情况的统计；④农业投入品和蔬菜的入库、出库等记录；⑤蔬菜加工情况。

(3)建立田间管理与工厂生产档案，整理成册并输入计算机归档。

(4)完成上级领导交付的其他任务，并积极参加基地组织的集体活动。

(六)会计、出纳岗位职责

全面负责做好财务工作。搞好年度经费开支预算与决算。

(七)员工岗位职责

(1)遵守纪律，按时上下班。

(2)服从领导，一切行动听指挥。

(3)严格遵守各项规范、制度，不违规操作。

(4)坚持质量第一原则，精益求精。

(5)生产员工中的班组长管理好编入本班组的临时工人。

二、生产管理制度

(一)总则

(1)坚决按照“规模发展、科学种植、标准化生产、产业化经营”的原则，在政府有关部门和企业指导下规范滨海区域特色蔬菜基地管理。

(2)基地建立健全严格的生产管理体系，做到分工明确、责任落实到人。

(3)基地所需的生产资料必须从正规渠道采购，或在企业规定的农业投入品专供点采购，在技术人员的指导下统一购买、统一使用。病虫害防治必须严格执行《滨海特色腌制蔬菜基地农药肥料购买与使用管理制度》。

(4)基地所有的管理措施，必须严格按照企业或基地制定的蔬菜生产技术规程进行，并在基地负责人和技术人员的指导监控下实施。

(5)经常巡视田间，及时去除田间杂草，及时进行中耕、培土、浇水等田间管理。

(6)严格遵守农药和肥料使用准则,保持基地内部和周围环境的卫生清洁,保证不受污染。

(7)基地主管或工作人员要认真填写独立、完整的田间管理记录,以备溯源检查。技术人员要认真做好各项档案管理工作,并做好详细记录,认真整理,妥善保存,记录的保留时间至少二年。

(8)原料采收时,不得随意销售基地原料和掺杂不符合标准的原料。

(二)农药肥料购买与使用管理制度

农药和肥料由基地统一购买、统一发放、统一使用,或由企业直接提供或指定。农药、肥料购买与使用必须遵循以下制度。

(1)农药、肥料应向有较强的经济实力、信誉好,在本地区本领域内领先的农资企业进行采购。

(2)农药的购买,应由植保技术人员根据生产需要提出申请,并经基地主管批准,由植保技术人员负责采购。

(3)肥料的购买,应由基地生产主管根据作物生长需要提出申请,经基地主管批准后由基地生产主管负责采购。

(4)发生病虫草害时,基地植保技术员结合作物的实际生长情况,发出用药指示,由生产班(组)长从仓库内领取,在植保技术人员现场监督下按要求使用,并填写相关田间档案。农药使用结束后,剩余的农药及时退回农药仓库。

(5)生产主管根据蔬菜生产技术规范以及蔬菜生长实际情况,向基地主管提出肥料使用申请,经批准后,交由生产班(组)长从仓库内领取,并在生产主管(或授权)现场监督下按要求使用,在结束后如有剩余,及时退回仓库。

(6)农药使用结束后,对已稀释好的多余的药液则按规定使用在路边杂草或绿化带上,禁止倒在河里或沟上,或将其施用在农作物上。对用过器具及时清洗后放在指定的地方,同时做好记录。

（三）农药肥料仓库管理制度

（1）农药、肥料入库时，仓库管理员必须根据销售清单进行仔细核查，做到实物与票据相符。

（2）农药和肥料必须按指定地点堆放，并做好标示。

（3）保持仓库清洁、卫生，做到整洁有序。

（4）申领农药和肥料时，仓库管理员应按申领批准的品种和数量发放，并让受领者在"农药进出库管理登记表"上签字。

（5）使用后，领取者将未用完的剩余农药，肥料和空瓶、空袋及时交给仓库管理员，仓库管理员负责清点核实，确认与领出数量相符后，将剩余农药、空瓶等废弃物放到指定地点或交回收单位进行统一处置。

（6）建立盘查制度，仓库管理员根据进出库记录经常对库存进行检查，发现问题及时汇报并开展调查寻找原因，及时做好每月盘库工作。

（四）施药人员安全管理制度

（1）施药人员要求从生产班组工人中挑选，年轻、有较强的责任心。

（2）田间施药时要注意风力、风向以及晴雨等天气变化；应在无雨、三级风以下的天气施药；不逆风施药。

（3）夏季高温时，应在上午10:00以前和下午15:00以后进行施药，中午不施药。施药人员作业时间一般一天不能超过6h。

（4）施药过程中要适当休息，作业时不吸烟、不吃东西。

（5）施药人员须佩戴口罩、手套，穿有雨鞋，并在作业时按规定使用。

（6）施药结束后，将多余的稀释好的药液按规定使用在路边杂草或绿化带上，禁止倒入河、沟内，或将其施用在其他需要使用农作物上；未使用的农药及时退回农药仓库。

（7）为防止器具内（或表面等处）残留农药和杂质，要将器具清洗干净，并立即归还器械库。

(8)施药完毕后除及时清洗裸露的皮肤外,可喝适量的淡盐水。同时,将穿戴的口罩、手套、雨鞋等用品及时归还,损坏的安全用品作垃圾处理。

(五)疫情监控与病虫害防治制度

为指导基地采取综合措施防治蔬菜病虫害,控制蔬菜农药残留污染,生产安全蔬菜,根据已颁布的蔬菜病虫综合防治相关标准,制定疫情监控与病虫害防治制度。具体措施参阅本书第九章。贯彻"预防为主、综合防治"的植保方针,以农业防治为基础,因时因地合理运用生物、物理和化学等手段,经济、安全、有效地控制病虫的危害。

植保员注意观察作物生长过程中病虫害发生的状况,如果能判定是病虫危害时,应立即和基地主管共同报告,讨论对策,并提出报告;如果不能判定是否为病虫害时,应立即提取样品,请教农技、植保等部门相关专家,确定防治对策。对需要使用农药防治的作物,由植保技术人员监督施药人员进行喷洒农药防治。

(六)有毒有害物质检测制度

基地内有毒有害物质重点是农药残留,为保障安全生产,应加强有毒有害物质的检测工作,具体包括以下两点。

1. 种植前的检测

种植前抽取有代表性的土壤送有资质检测机构、原料收购企业检测中心或 CIQ 进行农残检测,检测项目按原料收购企业、进口国、CIQ、国家有关规定要求进行,确认符合规定方可种植。

2. 采收前的农药检验

在原料采收前的 3～7 天,抽取样品送有资质检测机构或原料收购企业进行农残检测。样品抽取严格按国家有关规定进行,填写好"原料农残检测抽样记录",在采样容器上标明产地、面积、地号、采样时间等相关内容。

三、基地环境监测管理制度

基地农业生态环境,原则上每年要进行一次检测分析;生产环境要实行关键环节的过程监控，确保产品质量和基地的可持续发展。环境监测的具体要求如下。

(1)基地空气、灌溉水、土壤环境质量应符合蔬菜生产环境质量要求。

(2)基地内灌溉水质量、环境空气质量和土壤环境质量应委托有关检测单位定期或不定期进行抽检，尤其是周围的产业结构发生变化，有可能对蔬菜生产环境产生不利影响，应及时进行水、土、气质量指标检测，基地周围不允许有污染厂房和废气排放口存在。

(3)应加强对自身产地环境的保护，按基地生产的蔬菜品种制定病虫害防治措施，实施科学施肥，合理灌溉，尽量减少化肥的使用量，增施充分腐熟或经无害化处理的有机肥料，提倡应用商品有机肥，及时回收田间的废弃农膜、农药空瓶和农业投入品的包装物等，认真维护基地内的环境卫生。

(4)应杜绝污染源的产生，不得开设有污染的生产项目，控制生活污水，禁止使用对环境有严重影响的化学制剂。严格限制使用化学农药，应选择安全高效化学农药，并符合进口国要求。禁止使用剧毒、高毒、高残留的农药。

(5)禁止向基地排放重金属、硝酸盐、油类、酸液、碱液、废液、放射性废水和未经处理的含病原体的污水，或者倾倒、填埋有毒、有害的废弃物和生活垃圾。

(6)灌溉水要求水源充足，排灌方便，远离工业废水、城市生活污水、污泥垃圾等污染源。

四、基地产品准出制度和溯源管理

1. 产品检验制度

(1)采收上市前，基地主管应及时组织人员按地块对蔬菜进行抽样，送基地检测室或有资质的检测机构或原料收购企业进行产品质量安全检测，并做好取样的各项记录。

(2)检测项目根据国家无公害(或绿色)农产品质量、原料收购企业或进口国要求确定。

2．合格产品登记制度

（1）对检验合格的蔬菜做好产品批次登记，填写基地产品准出单，然后采收，进行必要的包装后送加工企业或市场。

（2）管理人员保管好检验报告，对检测数据的真实性、准确性负责，有关记录应完整、清晰，不得随意涂改。

3．不合格产品管理制度

（1）发现检测不合格产品，立即通知生产人员，并及时做好标识，确定不合格的范围，如生产时间、地块、产品批次、面积、种植责任人等。

（2）将不合格品与合格品隔离存放，并贴好标识，防止在处理前被误用。

（3）由基地质量安全管理人员对不合格产品进行原因分析和评价，提出重新取样检测、推迟采收、产品销毁等处理意见，并安排专人进行处理。

4．车辆运输管理制度

运输车辆必须是专门用于蔬菜运输，由生产负责人统一调度；蔬菜装车前车辆须经过清洗，检查没有漏油或被有毒、有害物污染，并经基地管理人员确认。驾驶员要求认真负责，驾驶经验丰富，诚信度高。

5．溯源管理

按照地块做好销售记录，便于追溯。事故发生后，企业成立质量事故调查小组，确认发生事故产品的标识及批次号；根据销售记录的地块号追溯到原料的地块及栽培管理责任人。用于追踪管理的所有记录必须保存3年以上，以备检索。

五、基地档案管理制度

必须对每个田块从播种到收获的全过程做好生产档案记录，为质量追溯提供可靠保证。田间档案必须如实记录以下内容：

（1）记录蔬菜基地的名称、法人代表或负责人和作业人员、分片种植的蔬菜作物种类品种、种植面积、田块编号、前茬茬口、播种、收获日期等相关信息。

(2)记录农资采购和使用相关信息,包括农资进库日期、品种、数量、库存量、采购单位、采购人等,农资出库日期、品种、数量、使用人等。

(3)记录田间用药情况,蔬菜生长期间发生的病、虫、草名称,所用的农药名称、剂型、用药数量、次数、方法、时间等。在对田间土壤、育苗营养土、营养钵或种子等进行消毒处理时,记载相应的用药情况,记录每次作业活动的实施人和责任人。

(4)记录田间用肥情况,记录田间生长期间分次所用肥料(包括基肥、叶面肥、植物生长调节剂等)的名称,用肥数量、方法和时间等,记录每次作业活动的实施人和责任人。

(5)记录产品采收和销售情况,包括产品分期分批采收时间、采收数量、销售数量、销售渠道(批发、零售、配送等)等,记录每次作业活动的实施人和责任人。

(6)田间档案记录必须完整、真实、正确、清晰,加工蔬菜基地技术或质监部门应对记录员每年进行培训 1～2 次。

(7)田间档案应有专人记录管理,加工蔬菜基地管理部门应定点定时上门指导、不定期抽查,发现问题及时改正。

(8)当年的田间档案到年底统一收集整理成册,保存到基地技术或质监部门,保存期限为 3 年以上。

六、HACCP 管理体系及其他规定

HACCP 管理体系是国际上共同认可和接受的食品质量安全保证体系,主要是对食品中微生物、化学和物理危害进行安全控制。国家标准 GB/T 15091—1994《食品工业基本术语》对 HACCP 的定义为:生产(加工)安全食品的一种控制手段;对原料、关键生产工序及影响产品安全的人为因素进行分析,确定加工过程中的关键环节,建立、完善监控程序和监控标准,采取规范的纠正措施。国际标准 CAC/RCP—1《食品卫生通则 1997 修订 3 版》对 HACCP 的定义为:鉴别、评价和控制对食品安全至关重要的危害的一种体系。HACCP是一种控制食品安全危害的预防性体系，用来使食品安全危害风险降低到最小或可接受的水平，预测和防止在食品生产过程中出现影响食品安全的危害，防患于未然，降低产品损耗。HACCP包括进行危害分析、确定关键控制点、确定各关键控制点关键限值、建立各关键控制点的监控程序、建立当监控表明某个关键控制点失控时应采取的纠偏行动、建立证明HACCP系统有效运行的验证程序以及建立关于所有适用程序和这些原理及其应用的记录系统等7个原理。

浙江万里学院刘青梅教授及其科研团队，通过长期的理论研究和生产实践，总结了榨菜、雪菜、高菜等生产全过程中的危害因素，并提出了能确保榨菜、雪菜、高菜等安全生产的关键点及操作技术要点，对滨海区域特色蔬菜产业的提升发展起到了十分重要的作用。

除执行HACCP(危害分析和关键控制点)外，还有其他一些规定，如国际、国内(国家或行业)制定的各种技术规范、标准、规定，包括无公害生产技术规程、绿色食品标志使用规定、良好农业规范(GAP)认证、GMP(良好操作规范)、SSOP(卫生操作规范)、ISO 9000质量体系认证、ISO 14001质量体系认证、ISO 22000：2005体系等基地都必须认真执行相应的有关规定。

七、全面实施无公害生产管理

(一)无公害农产品的基本概念

无公害农产品是指产地环境、生产过程和产品质量符合国家有关标准和规范的要求，经认证合格获得证书并允许使用无公害农产品标志的优质农产品及其加工制品。滨海区域特色腌制蔬菜的栽培与加工所取得的产品必须符合无公害要求，并获得认证证书。

无公害蔬菜生产应具备下列条件。

(1)产地环境必须符合无公害蔬菜生产环境质量标准。

(2)生产过程必须符合相关无公害生产技术操作规程。

(3)产品质量必须符合相关无公害蔬菜产品质量标准。

(4)产品包装、贮运必须符合无公害食品包装、贮运标准。

(二)无公害农产品生产的关键控制点

1. 产地环境

产地环境是指影响蔬菜生长发育的各种天然的和经过人工改造的自然因素的总括,包括空气、灌溉水、土壤等。无公害蔬菜产地环境选择的基本原则是:生态条件良好,远离污染源,并具有可持续生产能力的农业生产区域。具体来说就是,产地最好集中连片,具有一定的生产规模,产地区域范围明确,产品相对稳定;产地区域范围内、灌溉水上游、产地上风向,均没有对于产地构成威胁的污染源;另外,应尽量避开公路主干线。总体符合 NY/T 5010—2016《无公害农产品　种植业产地环境条件》中对产地土壤、灌溉水和空气质量的有关规定。

2. 农业投入品

【肥料】肥料是指以提供植物养分为主要功效的各种物料,按经济性状可分为化肥、有机肥和微生物肥料 3 类。蔬菜生产中,由于化学肥料的大量施用,特别是氮肥的大量使用,既造成了土壤理化性状的恶化,又导致产品中硝酸盐、亚硝酸盐等有害物质超标,使蔬菜不耐贮藏、品质差、效益降低。因此,正确使用肥料成为生产无公害蔬菜的关键技术措施。无公害蔬菜生产肥料使用的原则是:坚持“有机肥料与化学肥料”相结合,增施有机肥,减少化肥用量,推广应用测土配方平衡施肥技术。

(1)有机与无机相结合。土壤有机质是土壤肥沃程度的重要指标。要摒弃重化学肥料、轻有机肥料的施肥方法,增施经无害化处理的有机肥料,可以增加土壤有机质的含量,提高土壤保水保肥能力,改善土壤理化性状,增进土壤微生物的活动提高化肥利用率。

(2)测土配方平衡施肥。无公害蔬菜生产既要保证蔬菜的品质,又要重视产量。如果仅施用有机肥,难以满足蔬菜全面充分的养分需求，难以实现持续的优质高产。因此，生产中必须推广测土配方平衡施肥技术，不断改变重氮肥轻磷钾肥和重大量元素轻微养元素的现状，达到“两个养分平衡”，一是氮、磷、钾养分之间平衡供应，二是大量元素与微养元素之间平衡供应。

【农药】农药是重要的生产资料，又是一类对环境与生物有害的有毒化学品。无公害蔬菜生产中，有害生物综合治理技术原则是：农业防治、物理防治、生物防治，必要时使用化学防治，将蔬菜有害生物的危害控制在允许的范围内。无公害蔬菜生产并非不使用农药，而是要掌握如何科学合理的使用农药，确保蔬菜农药残留不超标，达到生产安全、优质的无公害蔬菜的目的。

农药施用要符合以下要求。

(1)对症下药，适时用药。蔬菜病虫种类多，危害习性不同，对农药的敏感性也不同。因此，必须熟悉防治的对象，掌握不同农药的药效、剂型及其使用方法，做到对症下药，才能达到应有的防治效果。如对菜田发生的病虫草害种类和农药品种不够熟悉时，应查阅蔬菜病虫草害资料，或向当地的农业技术人员咨询，确定病虫害的种类，再对症下药。

(2)合理轮换用药与混用施药。长期单一使用同一种农药或同一类农药易导致病虫抗药性上升，应根据不同生产阶段或病虫害发生的不同程度等情况合理轮用、换用防治药剂。严格按剂量要求施药，避免长期使用单一药剂，盲目加大使用剂量和将同类药剂混合使用。选用雾化度高的药械，提高防治效果，减少用药量，以减少对蔬菜和环境的污染。

(3)严格执行安全间隔期。严格掌握安全间隔期，是保证蔬菜安全、无污染的重要措施。不同的农药在不同的蔬菜上，安全间隔期各不相同。即使同一种农药，在不同的环境中使用，其安全间隔期也不尽相同。严格按照农药标签和说明书进行操作，严格按照安全间隔期采收产品。

(4)严禁使用国家明令禁止和限制使用的农药。

【生产过程记录】生产过程记录有利于生产者掌握产品生产过程中病、虫、草害发生和农药、肥料等投入品使用情况，不仅是产品质量安全水平的一种证明，也是产品质量发生安全问题时，质量追踪和采取纠正措施、预防措施的依据，而且也是生产者总结经验、提高生产水平的一种重要途径。因此，生产者应当对产品形成过程中所有影响产品质量安全的活动情况进行记录，包括投入品的购买情况、肥料使用情况、病虫草害防治情况和产品收获情况等，根据《中华人民共和国农产品质量安全法》规定，生产记录应当保持 2 年。

(1)投入品采购记录。包括日期、品名、有效成分及含量、规格及数量、登记证号、生产单位、经营单位、票据号等。

(2)种植基本情况记录。包括蔬菜种类、种植面积、生产方式、品种名称、播种日期、移栽日期、开花结果期、始收期、终收期等。

(3)肥料使用情况记录。包括从播种到收获整个生育期中，每次所用肥料的名称、使用方法、使用日期和使用量等。

(4)农药使用情况记录。包括从播种到收获整个生育期中，病虫害发生日期及名称，每次所采用的防治方法，所使用的农药名称、剂型、稀释倍数、使用量、使用方法、防治效果等。在产品生产过程中，如使用了除草剂和植物生长调节剂类物质，也应详细记录名称、剂型、使用量、使用方法、使用日期等。

(5)收获情况记录。由于蔬菜种类较多，开花结果习性各有不同，收获时期也大有不同。如榨菜、雪菜等蔬菜基本上是一次性收获的，而像辣椒、黄瓜等瓜果类蔬菜具有边开花边结果的习性，需要成熟一批，采收一批，从第一次采收到最后一次收获结束持续好几个月。因此，需对每次采收的日期和数量进行记录。期间，若进行了施肥、用药等田间管理，也应进行如实记录。

【包装与贮运】通过清洁或消毒措施，尽可能保持包装车间和包装设备处于良好的使用状态，包装材料必须是国家批准可用于食品的材料，并保持清洁卫生。在运输过程中，应对车辆、工具等进行清洗和消毒，禁止使用对人体有害的防腐剂和保鲜剂等，确保无公害蔬菜产品不受污染。在贮存过程中，干湿产品要分开放置，要建立产品的出入库记录及销售记录。

（三）无公害农产品生产中的商品标准等级

商品标准按等级可分为国家标准、部颁标准、企业标准、国际标准和由交易双方商定的协议标准。

1. 国家标准

国家标准是在全国范围内贯彻执行的标准，我国已制定了鲜销蔬菜及各种加工蔬菜的国家标准。美国、日本、英国、德国、加拿大等国都制定有自己国家的主要蔬菜产品国家标准。

2. 部颁标准

部颁标准是由国家主管部门组织制定的某些专业范围的商品标准。

3. 企业标准

凡未制定国家和部颁标准的商品都应有企业标准，很多企业标准的指标严于国家标准和部颁标准，以赢得较高的企业信誉和竞争能力。

4. 国际标准

是由联合国的某些专业机构，会同有关地区的国家，共同制定适合于本行业和这个地区的标准。例如，受联合国委托，欧洲经济委员会从 1949 年开始制定，到 1975 年修订完成了 UN/ECE 鲜食果品蔬菜标准，后被联合国推荐作为国际贸易标准。

5. 协议标准

协议标准是我国在未制定适当的标准情况下，贸易双方根据自己的利益和可能互相商定一个双方都可以接受的标准来履行合同，保证质量，这种标准称为协议标准。

第三章　榨菜标准化栽培技术

第一节　起源与分布

一、起源

榨菜原名茎瘤芥。茎瘤芥(图 3－1)属双子叶植物,十字花科,芸薹属,是芥菜的一个变种。茎瘤芥既可做新鲜蔬菜食用,又可作为腌菜和泡菜加工的原料,由于茎瘤芥加工时通常是采用压榨法来榨出菜中水分,故民间将其产品称为“榨菜”,“榨菜”一词就逐渐成了茎瘤芥的代名词,成为对茎瘤芥的习惯称谓。“榨菜”一名,最早始见于 1898 年中国四川涪陵(今重庆市涪陵区),时称“涪陵榨菜”。清道光二十五年(1845 年),《涪州志・物产》将其归属于青菜之中。20 世纪初期开始大量发展,并随着榨菜加工业的兴旺,逐渐成为农业上大量种植的一种作物。现已发展到四川省内川东沿江两岸的涪陵、重庆等 30 多个市县,浙江、福建、江苏、上海、湖南、广西壮族自治区(全书简称广西)、台湾等省(区、市)也有生产,最为著名的为四川“涪陵榨菜”、浙江的“余姚榨菜”、“斜桥榨菜”。

榨菜原产我国西南地域,主要产区有四川、浙江等省,四川产区主要集中在川东沿江两岸的涪陵、重庆等县市。浙江榨菜主要产区有余姚、慈溪、海宁、桐乡、温州等县市,尤以杭州湾南岸的余姚、慈溪滨海区域最为著名。随着榨菜产业化进程的不断加快,榨菜在当地人们生活和农业生产中占有非常重要的地位。据统计,2008 年重庆市农民仅销售鲜菜头产值就达 10 亿

图 3-1　茎瘤芥(榨菜)

元以上,约带动相关产业收入 80 亿元以上;余姚市农民销售鲜菜头产值达 2 亿元,约带动相关产业收入 10 亿元以上。据不完全统计,2015 年余姚、慈溪滨海区域榨菜总产量达 33.5 万 t,平均亩产高达 3 358kg。

对于榨菜的起源,目前,尚无任何科学依据证实这种植物始于何时何地。有关榨菜最早的记载见于清乾隆五十一年《涪陵县续修涪州志》,其中有"青菜有苞有整盐腌名五香榨菜"之说。说明 18 世纪中叶以前在四川盆地的长江流域地区已经分化出茎瘤芥。1936 年,毛宗良将茎瘤芥变种定名为 *B. juncea* var. *tsatsai*。1942 年,曾勉和李曙轩将茎瘤芥重新命名为 *B. juncea* var. *tumida* Tsen et Lee。20 世纪 80 年代前期,育种家杨以耕、陈材林等人经过进一步的研究和鉴定,将榨菜原料的植物学名称定为茎瘤芥,仍沿用过去曾勉和李曙轩教授的拉丁文命名。一般认为茎瘤芥最初由野生芥菜(*Brassica juncea*)进化而来,其进化次序是野生芥菜→大叶芥(var. *rugosa* BaiLey)→笋子芥(var. *crassicau* Lischenetang)→茎瘤芥。陈材林等从我国芥菜起源和发展的历史考证了野生芥菜及原始亲本种的存在与分布,栽培芥菜的变异与分布等,对中国的芥菜起源进行了研究,结果表明,中国是芥菜原生起源中心或起源中心之一,西北地区是中国的芥菜起源地,中国的栽培芥菜是由原生中国的野生芥菜进化而来。最早的出现年代在公元前6世纪以前,其中茎瘤芥最早发现于四川盆地。

二、分类与分布

据考证,20世纪30年代,已有按青菜头形状命名的草腰子、猪脑壳菜、香炉菜、菱角菜(或羊角菜)、笋子菜、包包菜(或奶奶菜)、指拇菜和犁头菜等茎瘤芥,有按菜叶形状命名的鸡啄菜、凤尾菜、蝴蝶菜和枇杷叶等榨菜,还有按产区命名的河菜与山菜等。40年代又有三转子或三层楼、潞酒壶、鹅公包和白大叶等品种。至80年代,品种已达40多个。但以上均是习惯分类,未按一定的科学标准。80年代中期,农业科技工作者按榨菜肉质茎和肉瘤的形状,将其分为4个基本类型:纺锤形、近圆球形、扁圆球形和羊角菜形。刘义华等运用生境敏感性评价方法,研究了6个榨菜代表品种产量生境敏感性及其与主要性状的关系,结果表明,可将榨菜品种分为生境敏感型品种、生境弱感型品种和生境钝感型品种。

榨菜为中国独有,并且仅分布于中国的长江流域。18世纪至20世纪初期,榨菜仅局限于四川省境内栽培。20世纪30年代引入浙江省,在浙江省经过不断的筛选,培育出适合浙江省自然条件的另一生态品种群。与此同时,在栽培技术、加工工艺方面,吸取四川省的传统经验,结合浙江省的具体条件,进行了一系列的改革和创新,使榨菜在浙江省迅速发展起来,并由浙江省扩散到江苏省。继浙江省之后,陕西、湖北、湖南、贵州、云南、福建、台湾、江西、广东、广西、河南、山东、安徽、黑龙江、新疆维吾尔自治区、内蒙古自治区等省(区)的部分地区也先后引进涪陵的榨菜进行栽培,但经济性状和商品质量均较差。

第二节　生物学特性及其对环境条件要求

一、植物学特征

1. 根

属直根系类型，主侧根分明，但因育苗移栽折断主根，在大田生长期，主根向下无多大伸展，其深度主要取决于所栽的深度，只是随生育的进展而扩大。因此，大田生长期中的根系发育实际是各级侧根的大量发展而形成发达的根系。这些特点就决定了茎瘤芥根系向下层土层伸展较差，而水平扩展较强的根系分布基本特征。在整个耕作层中。侧根主要分布在0～10cm土层中，占侧根总量的一半以上。

直播时，在土壤结构良好和深耕情况下，主根入土可达30cm以上，侧根、须根分布范围大，植株生长茂盛；但如在土壤板结和耕作粗放，又未施用有机肥情况下，主根入土不到25cm，侧根、须根较少，根总量比前者少1/3。植株生长不良。

榨菜直根通常都能发育成肉质膨大根，一般为近圆形、圆柱形或圆锥形，外部形态上分为根头部、根颈部和真根部3部分。

2. 茎

茎直立，为短缩茎，分为缩短茎及膨大茎两段。缩短茎为子叶节以上至最低功能叶节一段，此段有不明显的节、节上着生叶片，并具腋芽，顶端的顶芽分生叶片数因类型、品种及栽培条件所影响的生长量大小而不同，可从十余片至四十余片；膨大茎即肉质瘤茎又简称瘤茎或肉质茎、膨大茎，生产上则习称菜头或青菜头，是短缩茎以下着生功能叶的一段。瘤茎短而肥大，柔嫩多汁，是鲜食及加工的主要部分，是生产榨菜的原料，所以有人将鲜瘤茎也误称为榨菜。瘤茎的形状因品种的不同有纺锤形、近圆球形，扁圆球形、羊角菜形等。瘤茎表皮青绿光滑，皮下肉质色白而肥厚，质地脆嫩。单个青菜头的重量因品种而异，四川涪陵地区种植的板叶菠萝类型品种，一般单头重为500g左右，浙江宁波地区种植的半碎叶缩头种，一般单头重250g左右。

3. 叶

子叶呈肾脏形，出苗张开后，色泽由黄转绿，叶面积逐渐扩大进行光合作用。继则发生两片对生的真叶，与子叶形成十字形，以后的真叶互生在茎上，一般5片叶形成一叶环，其着生方向因类型、品种不同，有逆时针也有顺时针的。第一叶环前的约7片叶统称为基生叶，以后继续发生的第二叶环至第四叶环为主要的功能叶，其叶面积增长迅速，长成品种定型叶，为产品器官的形成和发育提供同化物质，并开始形成产品器官，肉质茎开始形成并迅速膨大。至第五叶环以后的叶在同化作用上起的作用便逐渐减小，至产品成熟时基生叶脱落，而功能叶仍保留在瘤茎上。

叶形因品种的不同而异，有椭圆、卵圆、倒卵圆等形状；叶色有绿、深绿、浅绿、绿色间血丝状条纹及紫红色等；叶面有的平滑，有的皱缩；叶背及中脉上常有稀疏柔软的刺毛和蜡粉；叶缘锯齿状或波状，全线或基部浅裂或深裂，或全叶具有不同大小深浅的裂片；叶片中肋或叶柄有的扩大成扁平状，有的伸长，有的形成不同形状的突起，各有其特征。

除上述主要的叶外，还有一种薹茎叶，即着生于薹茎和其分枝上的叶，是开花结实期主要的功能叶。薹茎叶叶身短狭，叶柄短小，不抱茎。直接着生于薹茎上的叶片数目，因品种、类型不同而有多有少，一般有10～20片。

4. 花

在正常气候条件下，一般4月中旬以后抽薹现蕾，并在叶腋间着生腋芽，4月中旬后陆续开花。榨菜开花的顺序各品种都有一致的特点，从全株来看，主花序先开，或主花序与相邻的一次分枝下面的某一个或几个一次分枝花序同时开，而与主花序相邻的一次分枝花序在主花序开放后2～5天才开始开花。各次分枝花序的开花顺序是一次分枝先开，依次是二次分枝、三次分枝、四次分枝。同一次分枝花序是上部先开下部后开。一个花序上的花朵，不论主序和分枝都是由下向上，从外到内开放。

花两性，通常成总状花序；萼片4个，分离，两轮；花瓣4个，具爪，排成十字形花冠，少数无花瓣；雄蕊6枚，2轮，外轮2枚较短，内轮4枚较长，称四强雄蕊；心皮2个，合生、子房1室，具侧膜胎座，中央具假隔膜，分成2室，每室通常具多枚胚珠。开花期的长短，各品种间差异较大，最短者仅15～17天，一般为20天左右，最长者25天以上。盛花期一般为10天左右。同一品种，由于播种期的推迟，开花期的气温逐渐升高，花期有缩短的趋势。另外，开花期的水肥条件良好，花期延长，反之，花期则缩短。

5. 果与种子

果实为长角果，由果喙、果身和果柄3部分组成。果喙长0.4～1cm，果身长3～4cm，果柄长1.2～2.5cm。嫩角果绿色，成熟后转黄，每角果内有种子10～20粒。

从长角果着生情况来看，不同留种方式各不相同。单株着果数以大株留种株为最多。着果密度也以大株为最大，依次是中株、无菜头小株。3种留种方式的四次分枝的着果数也有此规律。主序的着果数恰恰相反，以无头小株为最多，中株次之，大株最少。长角果在各次分枝上的分布，3种留种方式都以一、二次分枝着果最多，三次分枝着果较少，四次分枝着果最少。

单果的种子粒数以主序为最多，一、二、三、四次分枝依次减少。同次分枝中，中部分枝上角果较上部分枝上角果的种子粒数多，下部分枝上的角果种子粒数最少。一个分枝中，以中部角果种子粒数最多，下部角果着粒数减少，上部角果种子粒数最少。种子呈圆形或椭圆形，色泽有红褐、暗褐等，通常无病株的种子千粒重1g左右，种皮色泽显著偏红，种子偏小。种子色泽与收获期早迟有关，收获较早者，种子偏红，收获过迟者，种子偏暗褐色。种子千粒重，品种之间略有差异。同一品种，种子千粒重又因留种方式、收获早迟、着生部位、病毒病危害程度等不同而有所变化。

二、生长发育

1. 根的生长

榨菜根系由主根、侧根和须根组成。在直播、土壤结构良好及深耕的条件下，主根可入土 30cm 以上，侧根和须根分布范围更广。移栽时，主根常折断，根系由各级侧根发育而成，由于向下伸展较差，以向水平扩展为主，使根系分布局限于 0～20cm 土层，其中在 0～10cm 土层范围的占 1/2 以上。

2. 茎的生长

榨菜的茎为短缩茎，有不明显的节，上生叶片并具腋芽。生长中后期，茎伸长膨大，并在节间形成瘤状或乳状突起，成为肥大的肉质茎。通常在第一叶环形成后，只要气温在 16℃以下，茎部便会开始膨大形成短缩茎。有试验观察表明：

(1)瘤茎膨大不但需要适宜的温度，而且还与植株大小及一定营养面积有关。根据宁波的气候特点，1 月中旬后瘤茎开始膨大，但膨大速度极其缓慢，一般 1 月中旬至 2 月上旬瘤茎重 15g 左右，直径 2～3cm。2 月下旬开始随着气温回升，瘤茎膨大加快，到收获时瘤茎直径可达 8～10cm。

(2)在瘤茎膨大的中后期，瘤茎易产生内部空心开裂现象。初时先在内部形成小横裂缝，后形成大空腔，空腔表面呈白色或黄褐色，这是由于瘤茎膨大过快，髓部薄壁细胞与细胞之间崩裂造成。此种现象因年度和品种的不同差异较大。春季气温上升较快，雨水较多，茎膨大迅速，容易造成空心；氮肥施用过量或采收过迟，也会使空心率增加。

3. 叶片生长

榨菜属于冬春型蔬菜，宁波地区一般 9 月底 10 月初播种，此时平均温度在 22℃左右，一般播后 3 天左右出苗。出苗后先发生两片子叶，呈肾脏形，而后再发生两片对生的基生真叶，与子叶交叉成十字形。以后陆续产生互生的新叶。一般由 5 片真叶组成一个叶环，即形成第一轮莲座叶。叶身由短小渐变狭长，叶柄明显，但不肥大。以后继续发生第二叶环、第三叶环……第二至第四叶环为主要功能叶。

据对半碎叶“缩头种”调查观察，从播种到收获可长叶14～16张(图3-2)。一般苗期可生长叶片4～5张。移栽后至还苗前出叶基本停止。还苗后至12月上旬气温尚高适宜瘤茎芥生长，出叶速度较快，可出叶2～2.5张，叶片均长在瘤茎芥菜短缩茎的基部，按逆时针排列，每5片成一叶环。12月10日后气温下降，霜冻增多，出叶速度变慢，是瘤茎芥菜的团棵阶段，一直持续到次年1月中旬前后。由于1—2月平均气温下降到4～7℃，要20天左右才能长一片新叶。以后生长的3～4片真叶与肉质茎同步生长。2月下旬气温回升后，叶片生长加快，8～10天能生长一片，叶面积及鲜重迅速增大、增重，3月中旬后叶片养分开始转移，鲜重下降。

图3-2　半碎叶种

4. 抽薹开花结实

榨菜在正常气候条件下，一般4月中旬以后抽薹现蕾，并在叶腋间着生腋芽，4月中旬后陆续开花，以主花序先开或与第一分枝同时开放，晴天早上天亮就开放，但无论是主花序还是侧花序都是由下而上，由外向内开放。5月下旬到6月上旬收获。种子红褐色，千粒重为1g左右。据余姚市农业技术推广服务总站1999—2000年大株留种试验，9月28日播种，11月2日移栽，每亩密度11 400株，4月15日始花，5月10日终花，5月23日收获，千粒重0.989g，每亩产量20.1kg。

三、对环境条件的要求

榨菜在其个体发育过程中，主要受到系统发育所形成的遗传规律所制约，同时也在很大程度上受到环境条件的影响。

1. 温度

榨菜喜冷凉，不耐霜冻和炎热。出苗的适宜温度20～25℃，不能忍受长时间0℃以下的低温，也不耐炎热干旱；苗期对温度的适应范围较广，较耐热和耐寒，生长适温为15～20℃；叶片生长适温15℃左右，肉质茎膨大期生长适温8～13.6℃，16℃以下利于瘤茎膨大，在0℃以下肉质茎易受伤害；花芽分化的适宜气温为旬平均20℃左右。雨雪冰冻天气会对植株造成极大影响，如2016年1月24—26日宁波出现大风和严重冰冻天气，25日早晨最低气温为－7℃，榨菜叶片普遍受冻2张以上。

2. 光照

榨菜生长期需充足的光照，短日照且温度低、昼夜温差大有利于养分转移贮藏而使肉质茎膨大，植株在长日照和高温下易抽薹开花。

3. 水分

榨菜喜湿润环境，忌涝怕旱。水分过多会使田间湿度增大，造成植株柔弱徒长，软腐病、黑斑病等病害发生加重；水分过少会影响根系和植株营养生长，还会使蚜虫增多并增加病毒病侵染概率。同时水分过少还会增加瘤茎的纤维，影响品质。

4. 土壤

榨菜宜选有机质丰富、疏松、肥沃、排灌方便、地下水位低、pH值6.5～7.5的滨海平原沙质壤土种植为好，且对土壤养分要求较高，因此应大力增施有机肥作底肥，同时增施速效性的氮、磷、钾肥和钙、镁、硼、硫、铁等中量或微量元素肥料。

第三节　品种类型与主要品种

一、品种类型

按瘤茎和肉瘤的形状，茎瘤芥可分为4个基本类型：

1. 纺锤形

瘤茎纵径13～16cm，横径10～13cm，两头小，中间大。如草腰子、细匙草腰子等品种。

2. 近圆球形

瘤茎纵径10～12cm，横径9～13cm，纵横径基本接近。如小花叶、枇杷叶等品种。

3. 扁圆球形

肉瘤大而钝圆，间沟很浅，瘤茎纵径8～12cm，横径12～15cm，纵径/横径小于1。如柿饼菜等品种。

4. 羊角菜形

肉瘤尖或长而弯曲，似羊角，此类型只宜鲜食，不宜加工榨菜。如皱叶羊角菜等品仲。

影响榨菜产量和品质的因素很多，病毒病、先期抽薹和空心是榨菜栽培中的几个主要问题，在上海、南京、杭州等冬季寒冷的地区，冻害也是一个重要的限制因子。一般用于加工的榨菜，除丰产性外，应注意选择不易抽薹、瘤茎含水量低、空心率低、较耐病毒病、抗寒耐寒力较强、皮较薄、瘤沟较浅的品种。

二、主要品种

目前在生产上推广应用的榨菜品种，主要有余缩1号、甬榨2号、浙桐1号、浙丰3号、农家缩头种等。这些品种的共性特点是适宜加工、产量高、抗病性较强、抽薹迟、品质较好，多属半碎叶型品种。

1. 余缩1号

由余姚市农业技术推广服务总站育成，中熟偏早品种，全生育期175～180天。该品种属半碎叶瘤茎芥菜，株型紧凑，一般株高45～50cm，开展度40cm×50cm，总叶片14～16张。瘤茎圆整，瘤沟浅，质地脆。该品种适应性广，耐肥性好，抗逆性强，抽薹迟，空心率低，丰产性好。一般单个瘤茎重200～250g，亩产量3 500～4 000kg，高产田块可达4 500kg以上。

2. 浙桐1号

20世纪80年代由浙江农业大学育成，属半碎叶中熟品种。该品种生长势中等偏强，开展度50cm×60cm左右，全生育期175～180天。耐寒、耐病，加工后品质佳。瘤茎高圆形，瘤沟不明显。亩产量3 500～4 000kg。

3. 浙丰3号

由浙江勿忘农种业集团有限公司选育而成，属半碎叶品种。该品种长势中等偏强，肉质茎近圆球形，瘤峰圆浑，单茎重300～350g，抗病耐寒性强，空心率低，生育期175～180天。亩产量3 500～4 000kg。

4. 甬榨1号

由宁波市农业科学研究院蔬菜研究所和余姚市种子管理站合作选育。是宁波市第一个通过浙江省非主要农作物品种认定委员会认定的榨菜品种，半碎叶类型早中熟品种。该品种株高55～60cm，开展度65～70cm，皮薄筋少，榨菜鲜头皮色浅绿易脱水，瘤状茎质地较脆，不易空心，加工品质好，腌制后瘤茎色泽好，有利于提高商品率，深受加工企业青睐，适宜在宁波及类似生态区作春榨菜种植。该品种丰产性好，经宁波市农业科学院在试验基地实收测产，亩产量3 139kg。

5. 甬榨2号

由宁波市农业科学研究院蔬菜研究所选育。半碎叶类型，中熟，生育期175～180天，株型较紧凑，生长势较强，株高55cm左右，开展度 39cm×56cm；叶片淡绿色，叶缘细锯齿状，最大叶 60cm×20cm；瘤状茎近圆球形，茎形指数约 1.05，单个瘤茎重 250g 左右，膨大茎上肉瘤钝圆，瘤沟较浅，基部不贴地；加工性好，成品率较高；抽薹迟。适宜在浙江省春榨菜产区种植。

6. 甬榨 5 号

由宁波市农业科学研究院蔬菜研究所选育的杂交一代榨菜品种。半碎叶型，早中熟，播种至瘤状茎采收 170 天左右。植株较直立，株型紧凑，株高 60cm 左右，开展度约 42cm×61cm；最大叶长和宽分别为 67cm 和 35cm，叶色较深。瘤状茎高圆球形，顶端不凹陷，基部不贴地，瘤状凸起圆浑、瘤沟浅；茎形指数约 1.1，平均瘤状茎重 413g。商品率较高，加工品质好。较耐寒，抗 TuMV 病毒病。适宜在浙江省作春榨菜种植。

第四节 育苗移栽栽培技术

一、栽培季节

滨海区域榨菜播种一般在 9 月底至 10 月初。榨菜正常生长期为 9 月底至翌年 4 月上旬。

二、品种选择

选择适宜加工、产量高、抗病性较强、抽薹迟、品质较好的半碎叶品种，如余缩 1 号、甬榨 2 号、甬榨 5 号等。

三、播种育苗

1. 苗床准备

苗床应选择土壤相对肥沃疏松、保水保肥力强、排灌方便的壤土，并且要远离其他十字花科菜地及村庄附近，以减少虫源和毒源，减轻病毒病的发生。苗床土应及早翻耕晒垡，熟化土壤。同时施足基肥，一般每亩苗地施商品有机肥 200～300kg，过磷酸钙 15～20kg。苗床宽一般连沟 1.5m，畦长根据需要而定，整成龟背形，土块要细，为防地下害虫，播种前用 40%辛硫磷乳油 1 000倍液喷洒床面或用其他适用农药处理。

2. 种子准备

(1)用种量。每亩育苗地播种量为 0.4kg 左右,可种植大田 8～10 亩。

(2)种子处理。播种前种子先用 10%磷酸三钠处理 10min,清洗干净后再播,或用代森锰锌等药剂拌种,用药量为干种子重量的 0.3%～0.4%,以钝化病毒,减轻病毒病发生。

3. 适期播种

播种期以 9 月底 10 月初为好,具体可根据种植规模、劳动力等实际情况分期分批播种。过早播种温度高病毒病重,过迟播种则冬前生长短,瘤状茎小,产量低。

余姚市农业技术推广服务总站对榨菜的适宜播种期进行了试验,试验结果见如表 3－1 所示。

表 3－1　榨菜播种期试验

播种期	病毒病发生率(%)	病情指数	单头重(g)	亩产量(kg)
9 月 18 日	19.0	14.3	169.1	3 712.0
9 月 25 日	6.3	4.4	134.4	3 260.9
10 月 2 日	2.1	1.3	129.7	3 238.7
10 月 9 日	0.8	0.5	121.5	3 055.7

4. 播种方法

播种前苗床应浇透水,避免板结。播种以阴天或晴天傍晚为好,要求细播匀播。因滨海区域土壤保水性较差,播后应轻轻拍实畦面以保湿,再用细土或砻糠灰盖籽,覆盖不宜过厚。有条件的以大棚或小拱棚的形式用 20～30 目的白色或银灰色防虫网全程覆盖,也可用遮阳网覆盖育苗,既防暴晒和雨水冲刷,又可降温保湿,达到防蚜虫、病毒病的目的。据余姚市农业技术推广服务总站调查,采用防虫网、遮阳网覆盖育苗的百株蚜虫量分别为 0 和 2 030 条,而未覆盖防虫网、遮阳网育苗的百株蚜虫量高达 4 061条。

5. 苗期管理

出苗前应保持床土湿润,以利出苗。出苗后及时揭去遮阳网等覆盖物,搭建拱棚,全程覆盖防虫网,并在棚内悬挂黄色粘虫板。幼苗叶片数达到 2 片真叶后开始间苗,每隔 7 天间苗 1 次,一般间苗 2～3 次,去除劣、杂、病株。每次间苗后施薄肥,每次每亩用尿素 1～1.5kg 对水浇施,以保证秧苗茁壮生长,并视天气情况在早晚洒水保持苗床湿润。定植前 3～5 天浇施起身肥,每亩用尿素 2 kg,对水稀释施用。定植前 1 天苗地浇透水,以利起苗。苗期还应抓好以蚜虫、烟粉虱为主的病虫害防治工作,做到"带药、带肥、带土、带水"下田。另据试验,幼苗 2 叶 1 心期喷施浓度为 15～20mg/kg 的 15％多效唑可湿性粉剂,可使植株变矮、根部重量增加、根茎变粗,移栽后还苗快,每亩产量比对照增加 20％以上。

四、定植

(一)定植前的准备

1. 田块选择

种植地应选择前茬未种过十字花科作物、远离病毒源、土地平整、耕作层深厚、有机质含量高、土壤通透性好、地下水位低、保水保肥性强及排灌条件良好的地块,并及时清洁田园,清除上茬作物的残枝败叶及杂草。

2. 整地施基肥

定植前 10～15 天,清洁田园。基肥每亩施商品有机肥 200～300kg,三元复合肥(15－15－15,下同)30～40kg 或其他相应肥料。商品有机肥翻耕前全田撒施,三元复合肥可在翻耕前施入,也可在整地时畦面撒施。作成深沟高畦,一般畦宽(连沟)1.5m,畦面成龟背形,以利排水。对保水能力较差的沙壤土可采用边翻耕边整地边移栽的方法,以保证土壤湿润,促使栽后缓苗。

(二)适时定植、合理密植

一般 11 月上中旬、当苗龄 35～40 天,幼苗具有 4～5 片真叶时即可定植。选择根系发达、根茎粗壮、叶片厚实,无病虫害危害的壮苗定植。定植密度视品种特性而定,一般行距20～25cm,株距12～14cm,每亩种植2万株左右;定植前先按株行距开好穴,把苗分散放入穴中,然后用手扶苗,用细土轻轻压实,浇好"定根水",使根系与土壤充分结合。

五、定植后的田间管理

定植后的田间管理主要是抓好养分供应和水分管理。

在肥料使用上,大田生长期一般追肥4次。第一次追肥在缓苗后,一般亩用尿素4～5kg对水浇施。第二次在瘤茎膨大初期,每亩用碳铵25kg加过磷酸钙20kg加氯化钾5kg或同等养分的三元复合肥对水浇施或行间条施。为防冻保暖,一般不宜用尿素。第三次在瘤茎膨大盛期,宜用速效性肥料重施,每亩用尿素25kg加氯化钾12.5kg对水浇施。忌撒施,以免灼伤嫩茎而造成烂头。隔7～10天视田间长势适量补追促平衡。同时,可用0.3%磷酸二氢钾等进行叶面追肥1～2次。

宁波滨海区域榨菜生长期间一般不缺水,在水分管理上主要是要做好开沟排水工作。四周开好深沟和田间直沟,以利排水,降低田间湿度,防止渍害。同时通过开沟把沟土培在畦两边植株旁,起到保暖防冻害的作用。宁波滨海区域个别年份的11月有长期干旱的现象,应酌情沟灌一次或进行浇施,沟灌后应及时排干,以促进缓苗。

另外,据余姚市农业技术推广服务总站2016年试验,在瘤茎膨大中期(一般2月下旬)喷施浓度为45～60mg/kg的15%多效唑可湿性粉剂,可延缓抽薹,降低茎形指数、空心率和空心指数,可适当放宽收获期,减轻收获压力,具有实际指导意义。如,喷施45mg/kg、60mg/kg浓度的15%多效唑可湿性粉剂的茎形指数分别为2.17和1.96,比对照的2.98明显减小。

六、病虫草防治

榨菜的病虫害主要是蚜虫、烟粉虱、病毒病、黑斑病、白锈病、软腐病等。危害最为严重的是病毒病，有些年份高达30%～50%，甚至绝收，损失惨重，而蚜虫是病毒病的主要传播源。防治措施参阅本书第九章。

七、适时收获

适时收获与否，直接关系到榨菜的产量和品质。若收获过早，菜头未充分成熟，产量低、含水量高；收获过迟，则纤维增多，空心率增加，品质差，成菜率低。正常年份一般4月初开始收获，到4月中旬结束。此时，叶片绿里显黄、挺括，瘤茎黄绿色，不抽薹。应抢晴天收获。采收时，连菜头齐泥平割，然后用专用小刀削去根、叶，剥去叶帮及根部老筋，去泥、去杂、去长头、去病株。

第五节　稻田种植技术

榨菜适应性较广，可在旱地种植，也可在稻区建立基地，进行规模种植(图3－3)。稻田应选择土壤肥沃、疏松、高燥或近河边排水条件好、不易积水的田块。前作最好是单季稻，以便有充足的时间做好定植前准备。若选择双季晚稻田种植榨菜，因晚稻收割已是11月中下旬，时间紧，而且遇到多雨年份，往往会造成定植过

图3－3　茎瘤芥种植基地

迟而影响榨菜产量。

一、定植前准备

1. 清洁田园

晚稻收割时，稻茬要留得低、割得平，并将田间稻草、杂草清除干净。清除杂草一般施用除草剂，每亩用10%草甘膦水剂0.5kg对水30～40kg进行全田喷洒。

2. 施足基肥

由于稻田肥力较低，应增加肥料使用量，一般每亩可用三元复合肥40～50kg或同等养分的其他肥料。

3. 开沟作畦

选晴天开沟作畦，畦宽(连沟)一般为1.2～1.5m，使用与中小型拖拉机配套的开沟机开沟，耙平后即可定植。如遇雨天则用人工开沟的方法，斩碎泥块整平后定植。如季节紧张，田块较湿，则可采用先定植后开沟的方法。

二、精细定植

定植前，苗地应保持湿润，以利起苗，做到带肥、带土、带药定植，促进成活。定植时，要按打孔穴的深度放入秧苗，根系应松展置于穴内，然后轻轻压上泥块，务必注意不能架空根系，也不能在土烂的情况将泥块压得过重，以免影响发根。定植后要用稀淡肥水点根，以利成活。

保证种植密度是稻田榨菜获得理想产量的关键，种植密度应因田制宜，燥田用开沟机开沟的，畦面泥土多而松，种植密度为每亩1.5万株左右；人工开沟的因土壤黏重、土块较大而难以提高种植密度，一般每亩种植1.2万株左右。

三、田间管理

稻田榨菜的田间管理基本上与滨海区域旱地相同，但因稻田土壤肥力较低，在肥料用量上应有所增加，同时更应注意开好深沟，以利排水，降低地下水位，促进榨菜健壮生长。

第六节　梨园套种栽培技术

余姚市的黄家埠、小曹娥和慈溪市的周巷等乡镇的滨海平原，梨的常年种植面积约10 000亩。近年来，为充分利用这些地域的土地、温光资源，实现冬闲田绿色过冬，减少冬季抛荒，增加农民收入，两市农林部门积极引导广大梨农应用梨园套种榨菜栽培技术，目前推广应用面积已达3 000余亩，每亩产量和产值在3 500kg和3 000元左右，取得了较好的社会效益和经济效益。现将梨园套种榨菜的栽培要点介绍如下。

一、榨菜

1. 整地施肥

梨园套种前要采用小型旋耕机翻耕或人工翻耕。结合翻耕，每亩施入三元复合肥40～50kg。

2. 合理密植

梨园套种要合理密植。首先要作畦，畦宽随梨园畦宽而定，一般行距30cm左右(畦中间以梨树为中心，留地30～40cm)，株距12～18cm。每亩种植17 000株左右。

3. 田间管理

梨园榨菜的施肥、用药等田间管理与前述滨海平原的要求相似，可参照执行。但由于梨园种植榨菜，畦较宽，一般达2m以上，因此要特别注意做好清沟排水工作，保证春季多雨季节排水畅通，防止根系渍害发生。

二、梨树

梨树与榨菜有近5个月的共生期，在梨园管理上抓好以下几点。

1. 10月至11月上旬

一是结合防治虫害进行根外追肥，保好叶片；二是抓好以有机肥为主的基肥施用工作，每亩施肥量为1 000～1 500kg。

2. 11 月中旬至翌年 2 月底

一是清园防病虫害，清除落叶，主干涂白，抓好沟渠整修；二是深翻改土，抓好园地榨菜套种；三是整形修剪，培养良好树冠。

3. 3 月至 4 月

一是梨芽萌动前抓好越冬病虫害防治，喷 3%～5%石硫合剂 1 次，展叶期喷布阿维菌素等农药防治梨木虱、梨茎蜂等虫害，同时喷施粉锈宁等防治病害；二是做好人工授粉、疏花；三是根外追肥，促进梨树生长。

第七节　机械化直播栽培技术

榨菜是宁波市滨海平原冬春季的主要蔬菜。近年来，生产成本特别是劳动力成本不断上升、比较效益不断下降等问题日益显现，为防止该产业萎缩下滑，余姚市农业技术推广服务总站引进了蔬菜精量播种机，进行了榨菜机械化直播栽培的尝试，并获得了成功。至 2015 年全市榨菜机械直播应用面积已超过 5 000亩。

一、机械化直播栽培的优缺点

榨菜机械化直播栽培与育苗移栽相比，其优点如下。

(1)节省用工，减少劳动力支出，降低劳动强度。据调查，育苗移栽的，从播种育苗到移栽，共需 6.5 工。而直播栽培包括播种、间苗、治虫等环节，只需用工 1.5 工。直播栽培比育苗移栽节省用工 5 工，按每工 120 元计算，每亩节省用工成本 600 元，扣除机播费用 100 元，可节约成本 500 元。

(2)直播栽培在种子出苗后，幼苗连续生长，没有缓苗期，成活率高。

(3)直播栽培通过分次间苗，留好苗、留壮苗的机会多，植株整齐度高，适宜密植，有利于获得高产。

榨菜机械化直播栽培的缺点如下。

(1)直播栽培对种子发芽条件较难控制，幼芽和幼苗在田间也较难保护，易受高温、干旱及暴雨等灾害性天气影响，产量不稳定性突出。

（2）直播栽培苗期间苗、治虫等管理较费工。

（3）直播栽培瘤状茎商品性有所降低。主要表现为瘤状茎较小、茎形指数变大。据2015年余姚市农业技术推广服务总站调查，直播栽培田瘤状茎的单个重仅178g、茎形指数1.6，而育苗移栽田瘤状茎的单个重为245g、茎形指数为1.2。

二、机械化直播栽培技术要点

1. 品种选择

榨菜在直播栽培情况下，其瘤状茎较育苗移栽的要长，因此宜选择耐抽薹、瘤状茎为扁圆形即茎形指数较小的品种，如农家缩头种等，否则可能由于榨菜瘤状茎偏长而影响商品性，甚至发生先期抽薹问题。

2. 适期播种

由于榨菜直播栽培省去了移栽缓苗的过程，生长迅速，因此其播种期比育苗移栽的要适当推迟，一般掌握在10月20日左右。精细整地后，选用韩国进口或上海康博实业有限公司等企业研制的自走型精量多功能播种机播种，一般畦宽（连沟）1.5m，播5行，每亩播种量100～150g。播种后每亩用96%异丙甲草胺，如旱秀乳油50ml对水30kg喷洒畦面防杂草。

3. 苗期管理

在苗期管理上重点抓好间苗、定苗和补苗等工作。幼苗具有2～3片真叶时进行间苗，除去蓬头苗、徒长苗、劣苗、弱苗、杂苗和病苗；幼苗具有5～6片真叶时进行定苗，对缺株较多的田块应采用就地带土移补的方式进行补苗，以保证密度，一般株距保持10cm左右，每亩密度2万株以上。由于间苗和定苗容易造成周围植株根系松动而影响生长，因此尽可能选择在雨前进行，或利用喷灌设施进行适当喷淋，使根系与土壤紧密接触。定苗后若有杂草长出，应在晴天午后每亩用5%精喹禾灵，如精禾草克乳油30ml

对水 30kg,或用 10.8%高效氟吡甲禾灵,如高效盖草能乳油 30ml 对水 30kg 喷雾防治。

第八节 提纯复壮与繁育技术

鉴于目前榨菜生产上应用的多为农民自留自繁的常规品种(如半碎叶缩头种),由于留种时,没有采取有效的隔离措施;在选种上,只采取片选,却忽视株选去杂,生物学混杂严重;同时加上收获、清选、晾晒、储藏、包装或运输过程中的机械混杂,种子纯度极差,使品种群体的遗传组成完全面目皆非,品种典型性状部分或全部丧失,抗逆能力、产量和品质明显下降。因此,加强良种繁育基地建设,加快种子提纯复壮及繁育,满足生产需要,对提高产量和品质、增加农民收入具有十分重要的意义。

一、提纯复壮技术

(一)基本流程

榨菜是常异化授粉作物,其提纯复壮应采用系统选育方法,包括单株选择、株系比较和原种繁育 3 个环节,具体流程如下。

1. 单株选择

在榨菜收获季节,在生产田中选择具有本品种特征特性的优良单株若干株作为种株,单株隔离种植,适当追肥,并做好蚜虫等病虫害防治工作;用网罩做好隔离工作,强制自花授粉,分株采种;收获前进行再次选择,选择分枝和结荚正常、无病虫危害的单株作为株系比较的种株。

2. 株系选留

将上年入选的单株于 11 月中旬分别种植于株系圃,于冬前生长期、瘤茎膨大期和抽薹期严格去杂去劣,选择优良株系混收作为繁育原种的种源。

3. 原种繁育

将上年入选的优良株系混收种子为种源,于 11 月中旬分别种植于大棚内，于冬前生长期、瘤茎膨大期和抽薹期严格去杂去劣，选择符合本品种特征特性的植株混收后作为繁育生产种的种源。

（二）选种圃操作技术要点

1. 播前准备

苗床要求选择近3年未种过十字花科作物的田块，且排水良好，耕作层深厚、疏松、肥沃，周边远离青菜、萝卜等十字花植物1 000m以上。翻耕前及时清洁田园，翻耕后每亩用三元复合肥10kg均匀撒施作基肥，然后整畦，为防地下害虫可用40%辛硫磷乳油1 000倍液喷洒畦面，整畦成龟背形。

2. 播种及播后管理

一般在10月上旬播种。播种后用细土覆盖，并用遮阳网平铺保湿。出苗后及时揭去遮阳网。为防止蚜虫及其他害虫危害，减轻病毒病发生，遮阳网揭去后，应及时搭拱棚并覆盖防虫网。同时，出苗后应及时去除蓬头苗，根据天气情况每天或隔天浇水，保持土壤湿润，促进幼苗正常生长。要及时间苗去杂，并结合浇水施好稀薄肥水。苗期应交替使用啶虫脒、吡虫啉等农药防治蚜虫2～3次，以防蚜虫传毒引发病毒病。

3. 适时定植

选种圃于11月中旬完成定植。定植前施好基肥，为防植株生长过旺，基肥用量宜少于大田，一般每亩可施三元复合肥20kg，栽后轻施苗肥。选种圃一般畦宽连沟2m，畦长按苗数多少种植6～12m不等，适当稀植，榨菜选种株一般宜栽种在畦中间，畦两旁各留30cm间隙，以便搭架盖防虫网。收原种的栽种在大棚内，按常规栽培，密度比大田可适当放宽。

4. 田间管理

成活后要及时去除杂株、病株和生长不良或生长过旺的单株。3月下旬根据瘤茎形状再次去杂。为防止植株瘤茎过于膨大而影响采种，留种田冬季仅在1月下旬或2月初施一次腊肥，不施瘤茎膨大肥。在3月中下旬根据生长情况施好薹肥，薹肥一般以尿素和钾肥为主，以促进抽薹开花。薹肥施用不能过迟，以免因生长过于嫩绿而在抽薹期引发小菜蛾等昆虫为害。3 月下旬淘汰不符要求的单株，并在生长一致、符合本品种特征特性的优秀株系内选出优秀单株隔离留种（采种后作为下年选种圃用种）。其他单株同步去杂，混收采种后作为生产用种。为防止风媒虫媒串种，选种圃应于 4 月 10 日左右搭架覆盖好防虫网。

5. 防治病虫草害

大株留种病虫较多，中前期主要有蚜虫、小菜蛾、病毒病等；抽薹后则常因瘤茎空心，易出现软腐病、菌核病、黑斑病等病害为害。在防治策略上，年前应使用啶虫脒、吡虫啉等农药抓好以蚜虫为主的虫害防治；开春后选用氯虫苯甲酰胺、多杀霉素等农药及时防治小菜蛾等虫害，一般可连续防治 4～5 次；4 月底再在网内防治 1～2 次。

覆盖防虫网前，应及时清除病毒株，并用霜脲・锰锌、氢氧化铜等药剂进行一次防治。覆网后，由于棚内气温升高，湿度增大，榨菜一旦开始抽薹，各种病害会相继发生，此时鉴于大棚内特别是株系棚内防治操作比较困难，往往会因失防而导致病害猛发，使大株留种大幅减产，甚至绝收。因此，需事先做好覆网前未病先防工作，覆网后酌情结合小菜蛾防治，连续施药 1～2 次。

大株留种过程中，由于留种植株生长期长，不仅有冬草，还有春草、夏草滋生。因此，在杂草防治上，除在移栽成活后用精喹禾灵除草剂进行一次化学防治外，开春后还应视情况采用人工除草 2～3 次，最后一次宜在覆网前进行，并尽力做到除草务净，不留后患，避免留种地畦面杂草丛生，草、菜争光争肥，影响留种产量和质量。

6. 及时收获

大株留种田一般在 5 月下旬就可以收获，如冬季气温低会推迟几天收获。收获时宜连根拔起，按单株、株系和原种分别堆放、脱粒、保存。大棚内由于通风透光差，大株留种高产单株产量在

12～16g，稍感病单株产量仅 3～5g。

二、生产种繁育技术

生产用种繁育多采用大田小株留种法。但由于瘤茎性状是种株选择的主要指标，而小株留种法不能根据瘤茎性状进行选择，因此必须把好原种繁育关，以确保生产用种质量。大田生产用种繁育的技术要点如下所述：

1. 田块选择

生产用种繁育田应选择自然隔离条件比较好的海涂或稻区，而且要相对集中连片、排灌方便、土壤结构疏松。低山缓坡虽然自然隔离条件较好，但由于田块小，苗期抗旱难，出苗保苗难，产量难以保证，不宜选用。

2. 适当迟播

生产用种繁育田一般畦宽（连沟）1.2m，应施足基肥，一般每亩施三元复合肥 15～20kg。过迟播种易受冻，过早播种瘤茎膨大不利采种。滨海平原海涂由于土壤既疏松，又易板结，保水保肥能力差，播种期一般以 11 月上旬为好，暖冬年份可以延迟到 11 月下旬播种；平原稻区以 11 月中旬为好，以防止烂冬、冻害等现象，保证幼苗正常生长，获得一定的产量。每亩大田用种量一般以 100～150g 为宜；播种方式多采用宽幅条播，播种沟宽以 25～30cm 为好，每畦播两条，播后用准备好的焦泥灰覆盖，保持土壤湿润，促使出苗。

3. 去劣留苗

苗期开始就应进行去杂、去病、删密补稀工作，一般苗期每亩以留 5 万株为宜；严寒季节要做好防冻工作，防止死苗过多。开春后多次去杂，每亩留种苗 1 万株左右。4 月上旬开始抽薹，这时应及时去除早薹株、变异株以及其他可能影响品种纯度的植株。开花时，应再做一次仔细观察，及时去除早花植株。

4. 田间管理

出苗后，用 5%精喹禾灵如精禾草克乳油 40～60g 对水 40～

60kg 喷雾茎叶。1 月主要以保暖为主，可采用畦边培土的方法防受冻。间苗的同时应注意施好淡肥水。1 月下旬施一次腊肥，每亩施磷肥和碳铵各 15kg，视情况加入少量氯化钾，3 月中下旬施一次薹肥，薹肥以氮、钾为主，抽薹后视情况进行根外追肥。开春后应及时人工除草，以降低抽薹后田间湿度，减轻病害。苗期防蚜 1 次，农药可选用啶虫脒、吡虫啉等；开春后防好以小菜蛾为主的虫害，农药可选用氯虫苯甲酰胺等，防治 3～4 次。

5. 及时采收

5 月下旬抢晴天拔秆堆放，后熟后采收种子，去除泥沙，晾干保存，忌在烈日下暴晒。

第四章　雪菜标准化栽培技术

第一节　起源与分布

雪菜别名雪里蕻、九头芥、烧菜、排菜、香青菜，属被子植物门、十字花科、芸薹属植物，是芥菜中分蘖芥的一个变种。雪菜适应性广，易于栽培，是我国长江流域普遍栽培的冬春季蔬菜。

追溯雪菜的历史演绎，得从其祖先芥菜开始。对于芥菜的起源，目前有 4 种说法：一是说芥菜起源于中东或地中海沿岸；二是说芥菜起源于非洲北部和中部；三是说芥菜起源于中亚细亚；四是说芥菜起源于中国的东部、华南或西部。多数外国学者持前 3 种观点，而多数中国学者持第四种观点。从古代文化遗址，如“半坡遗址”、马王堆一号汉墓考证和历史文献中有关芥菜记载来看，我国对芥菜的栽培、利用历史悠久，距今 2 500多年以前成书的《诗经・谷风》中已有“采葑采菲，物以下体”的诗句。而从公元 6 世纪至今，在人类有意识的参与下，芥菜不断地变异、演化和发展，产生了至今得到一致公认的大头芥、茎瘤芥、笋子芥、抱子芥、大叶芥、小叶芥、分蘖芥、宽柄芥、凤尾芥、花叶芥、长柄芥、白花芥、叶瘤芥、卷心芥、结球芥、薹芥等 16 个变种，每个变种又有很多品种。如分蘖芥中的雪菜，由宁波市鄞县雪菜开发研究中心所搜集的地方品种就有 80 多种，加上人工选育的品种，更是丰富多彩。

宁波是浙江省雪菜主产区之一，种植历史悠久。据《广群芳谱》载：“四明有菜，名雪里蕻。雪深诸菜受损，此菜独青”。雪里蕻以叶柄和叶片食用，营养丰富。其腌制后称为咸菜，因其色泽鲜黄，香气浓郁，滋味清脆鲜美，深受城乡居民喜爱。素有“三日不吃咸菜汤，两脚酸汪汪”之美称。宁波雪菜种植主要集中在余姚的小曹娥、泗门、临山和慈溪的周巷、庵东及鄞州区瞻岐、咸祥等乡镇。2015 年余姚、慈溪滨海区域雪菜种植面积达 2.5 万余亩，总产量 10 多万 t，是继榨菜之后排行第二的主要蔬菜。

第二节　营养与保健价值

一、营养价值

雪菜以叶柄和叶片食用，营养价值较高。据测定，每 100g 鲜雪菜中有蛋白质 1.9g、脂肪 0.4g、碳水化合物 2.9g、灰分 3.9g、钙 73～235mg、磷 43～64mg，铁 1.1～3.4mg，并富含有人体正常生命活动所必需的胡萝卜素、硫胺素、核黄素、尼克酸、抗坏血酸及氨基酸等成分，其氨基酸种类多达 16 种，尤以谷氨酸（味精的鲜味成分）居多，所以吃起来格外鲜美。由谷氨酸、甘氨酸和半胱氨酸合成的谷胱甘肽，是人体内一种极为重要的自由基清除剂，能增强人体的免疫功能。

腌制加工后的雪菜被称为咸菜，其色泽鲜黄、香气浓郁、滋味清脆鲜美，故在宁波素有“咸鸡”之美称。“咸鸡”可炒、煮、烤、炖、蒸、拌或作配料、汤料、包馅。同时，由于咸菜微酸，利于生津开胃，在炎夏酷暑，“咸鸡汤”是宁波人极为普通的家常汤料。但美中不足的是，雪菜腌制过程中会由硝酸盐产生大量致癌物质亚硝酸盐，但硝酸盐的含量，因腌制时间的长短会发生变化，有一个由低转高、由高转低的变化过程。据浙江万里学院杨性民、刘青梅教授研究，凡在良好的嫌气条件下，加盐量 10%要在腌制 40 天后取食才安全，而加盐量 6%在 30 天后就可取食。同时有研究表明，添加维生素 C 可明显减少亚硝酸盐的生成。因此，食用腌制蔬菜时，一要注意腌制时间，二要注意配合多吃富含维生素 C 的蔬菜或水果等，以阻止亚硝酸盐的形成。国外有研究表明，每 1 000g 的腌菜中加入 400mg 维生素 C，亚硝酸盐在胃内细菌作用下产生亚硝胺的阻断率可达到 75.9%。

二、保健价值

雪菜具有很好的食疗作用，它能醒脑提神、解毒消肿、开胃消食、明目利膈、宽肠通便，而且还有减肥作用，它可促进排出积存废弃物，净化身体，使之清爽干净。最近科学家还研究发现，雪菜还有一定的抗癌作用，并将其列入抗癌效果最好的二十种蔬菜之一，排行第 15 位。

第三节　生物学特性及其对环境条件的要求

一、植物学特征

1. 根

根为直根系，主根较粗，移栽后大量发生的侧根较细，且多分布于 30cm 内的土层里，对水分和养分的吸收能力较强。

2. 茎

茎为短缩茎，在营养生长前期极不明显，短缩在根茎上，但分蘖力较强，一般分枝几个到几十个。通过春化和光照阶段后，短缩茎伸长成为花茎，花茎上面着生花序，这种现象，俗称为“抽薹”。

3. 叶

叶为根出叶，先发生子叶，然后发生真叶，真叶互生在不明显的短缩茎上，没有节间。叶型随品种类型不同而有差异，有椭圆、卵圆、倒卵圆、披针等形状，叶缘有不同程度的缺刻，呈锯齿状或基部有浅裂或深裂。叶色有深绿色、黄绿色、绿色、浅绿色、绿紫、紫色或紫红色。叶面平滑或微皱。叶背有蜡粉或茸毛，叶柄或中肋扁平、箭秆状，或在叶柄上有不同羽状的突起。分蘖芥有许多腋芽。多数雪菜，叶片数都在百张以上；一般多为倒卵形或倒披针形，叶脉中肋突出居多。叶面平滑或微皱。多数品种叶柄与叶面无蜡粉和刺毛，个别品种叶背略有蜡粉。叶脉多数为白色，个别品种紫红色。

4. 花

花为总状花序,完全花,花瓣 4 枚、黄色或白色,是十字花科的典型花冠,雄蕊 6 枚,4 长 2 短。雌蕊单生,子房上位,有 4 个密腺,属两性虫媒花,杂交力强,因此在留种时特别要注意防止杂交变种。

5. 果实和种子

雪菜的果实为细长角果,果实成熟时易开裂。每个角果中含有 10~20 粒种子,种子无胚乳,近似圆形,种皮颜色为红褐色或紫色。籽粒细小,千粒重 1g 左右,但也有例外,如香港地区的龙须雪菜籽粒较大。由于籽粒较小,种子贮藏的养分不多,应在 -18℃以下低温干燥冷藏,在常温下贮藏种子不得超过一年,否则发芽率极低,甚至不发芽。

二、生长周期和阶段发育

(一)生长周期

雪菜从播种到开花结籽,要经过营养生长和生殖生长这两个生长时期。

1. 营养生长期

(1)发芽期。播种至初露子叶,称为"发芽期"。雪菜种子发芽要经历以下几个过程:吸收水分→种子内部贮藏物质转化→养分运转→呼吸代谢作用增强→胚根和胚轴开始生长→同化开始、种子发芽、子叶出土。

(2)幼苗期。从发芽露心至 5~6 张真叶的时期是雪菜的营养生长初期,一般称为"幼苗期"。雪菜苗期生长迅速,代谢旺盛,光合作用产生的物质几乎全部为根、茎、叶的生长所消耗。苗期生长好坏,对雪菜以后的生长发育影响很大。

雪菜幼苗期对土壤中的养分吸收的绝对量不多,但要求严格,氮、磷、钾三要素要全面。如缺少磷、钾肥,会引起徒长;苗期对不良环境的抗性差,但可塑性较强。

(3)分蘖期。雪菜自5～6张真叶长成后,即进入生长盛期,逐渐产生分蘖。这一时期是决定产量的关键时期,因此,需要及时补充大量养分。

2. 生殖生长期

(1)花芽分化期。花芽分化是雪菜由营养生长转入生殖生长后,在形态特征上的表现。雪菜通过阶段发育,生长点开始分化膨大、花蕾突起、萼片花瓣分化,这一时期称为花芽分化期。花芽分化后,雪菜的抗性下降,对恶劣天气和病虫害的抗性都减弱。

(2)抽薹开花期。这是生殖生长的重要时期,雪菜通过春化阶段完成花芽分化后,在长日照及较高温度条件下便进入抽薹开花。这一时期要求有较高的温度和通风透光条件,植株抗性较差,温度过高过低都会引起落花。

(3)现荚结果期。现荚结果期是雪菜生殖生长后期,是形成种子的时期。

①胚胎发育期:从卵细胞受精开始到种子成熟,这一阶段是胚胎发育期。这个时期,种子和母体在同一个体中进行代谢作用,应使母体有良好的营养条件及光合作用,才能保证种子充实、健康发育。

②休眠期:雪菜种子成熟后,有一段短暂的休眠期。休眠的种子,代谢作用很低,如对种子干燥冷藏,可进一步降低代谢作用,延长种子寿命。

营养生长期和生殖生长期,并无绝对严格的界限,一般地说,在营养生长后期便开始生殖生长,这时营养生长期和生殖生长期出现了重叠,重叠时间的长短因品种而异,早熟品种花芽分化早,抽薹开花快,两个生长期的重叠时间相对较短;而迟熟品种花芽分化迟,抽薹开花慢,两个生长期重叠时间要长一些。

(二)阶段发育

雪菜通过春化阶段对低温要求比较严格,试验表明:只有在10℃以下的低温下才能通过春化阶段;光照阶段则要求有8h/天以上的长日照,经历20～30天,才能通过。只有通过春化阶段、光照阶段的雪菜,才会抽薹开花。

三、对环境条件的要求

(一)温度

雪菜是喜冷凉、较耐寒的蔬菜,适宜生长温度为15～25℃,10℃以下或30℃以上生长缓慢。对低温有一定适应能力,能耐-5℃的低温,即使在雪地里也不会冻死。雪菜种子的发芽温度,一般要求在10℃以上,适宜出苗温度为20～25℃。

(二)水分

雪菜生长较快,耗水量较多,从移栽到收获,需耗水约300～500mm。幼苗期喜较湿润的环境,过旱则生长不良,但过湿则易烂根和发病。在雪菜分蘖期,如水分不足,则雪菜分枝减少、茎难以增长增粗,植株组织硬化、纤维增多、品质变劣,影响加工质量;如水分过多,则土壤通透性差,易发生霉根,影响养分吸收,生长萎缩。

(三)光照

雪菜生长要求有较充足的光照,尤其在雪菜抽薹期,更需要有充足的光照,如光照不足,会严重影响产量。

(四)土壤

雪菜对土壤pH值要求不严格。无论是酸性或是微碱性的土壤都能适应,但由于其根系发达且分布较浅,单位面积产量较高,因此,要求种植的土壤以土层深厚、土质肥沃、排水良好、保肥保水力强的壤土或砂质壤土为好。地势较低、易积水的田块不宜种植,否则雪菜根系易受渍害。雪菜易感染芜菁花叶病毒病,因此要特别注意避免和十字花科作物连作,一般以水旱轮作为好。

第四节　品种类型与主要品种

一、品种类型

雪菜品种按叶色分，可分为绿色、黄色、半黄色、紫色等多种类型。不同色泽的雪菜所含的维生素种类及含量也不完全相同，其营养价值也有所不同。

绿色雪菜给人的感觉是明媚、鲜嫩、味美。它同其他绿色蔬菜一样含有丰富的维生素 C、维生素 B_1、维生素 B_2、胡萝卜素及多种微量元素，对高血压及失眠有一定的治疗作用，并有益肝脏。

黄色雪菜给人的感觉是清香脆嫩，爽口味甜。它富含维生素 E，能减少皮肤色斑，延缓衰老，对脾、胰等脏器有益，并能调节胃肠消化功能。黄色蔬菜中还含有丰富的 β—胡萝卜素，能调节上皮细胞生长和分化。富含维生素 E，能减少皮肤色斑，调节胃肠道消化功能，对脾、胰等脏器有益。

紫色雪菜有调节神经和增加肾上腺分泌的功效，食之味道浓郁，使人心情愉快。它富含维生素 P 和花青素。维生素 P 是人体必不可少的 14 种维生素之一，它能增强身体细胞之间的黏附力，提高微血管的弹力，防止血管脆裂出血，保持血管的正常形态，因此有保护血管防止出血的作用，可以降低脑血管栓塞的概率，对心血管疾病的防治有着良好的作用，对高血压、咯血、皮肤紫斑患者有裨益。花青素则是一种强抗氧化剂，有抗癌作用。

雪菜按叶形和边缘缺刻深浅区分，基本上可分为板叶型、花叶型、细叶型三大类型。

宁波、嘉兴、湖州地区推广的大多属于板叶型，如宁波市鄞州区普遍推广鄞雪 18、鄞雪 182、鄞雪 361、甬雪 3 号、甬雪 4 号等；嘉兴市七星乡大面积推广的由上海金丝菜和上海加长种杂交所产生的变异后代新三号以及新选育的紫叶类型板叶雪菜，如紫雪 1 号、紫雪 4 号等。宁波镇海黄花叶、宁海花叶菜、台州临海花菜等属于花叶型。绍兴诸暨细叶雪菜(当地称辣芥)、嵊州细叶雪里蕻、天台雪菜、浦江雪菜、仙居雪菜、九头芥等则属于细叶类型。

二、主要品种

1. 鄞雪 182

由宁波市鄞州区雪菜开发研究中心和宁波市三丰可味食品有限公司合作选育的板叶类型雪菜品种。鄞雪 182 是鄞雪 18 的变异株,经多年定向选育而成。该品种植株半直立,株高 49cm,开展度 56cm×57cm,分蘖 61 个,叶片数 523 张,叶片总长 44cm,纯叶片长 23cm,叶宽 7.5cm,叶柄长 21cm,柄宽 0.5cm,厚 0.5cm,叶色深绿,细长卵形,上部锯齿浅裂、中下部深裂。叶窄、柄细长、抽薹期较原鄞雪 18 迟一周左右。腌制折率与加工折率均在 75%以上。该品种总体表现为生长势旺,分枝性强,抽薹迟,从播种到采收 175 天左右;耐寒性强,丰产性好,亩产量可达 8 000kg 以上;对病毒病抗性强,强耐芜菁花叶病毒病,加工性好,由于鄞雪 182 号性状优于原来的亲本鄞雪 18,多分枝、迟抽薹、抗性强,目前已在鄞州区大面积推广(图 4-1)。

图 4-1 鄞雪 182 大面积种植

2. 甬雪 2 号

由宁波市农业科学研究院蔬菜研究所育成的杂交一代雪菜品

种。株型半直立，生长势强；株高 61cm 左右，开展度 73cm×72cm；叶黄绿色，倒披针，复锯齿，叶缘深裂，分蘖性强，单株分蘖数 30 个左右，抗病毒病，耐抽薹，一般亩产 4 000kg 左右，适宜腌制加工，成品率达 70%，加工后色泽鲜黄，品质优良。

3. 甬雪 3 号

由宁波市农业科学研究院蔬菜研究所育成的杂交一代雪菜品种。株型半直立，生长势强；株高 50.5cm，开展度 97.6cm×86.0cm；叶浅绿色，倒披针，复锯齿，全裂，叶面微皱，有光泽，无蜡粉，刺毛少；最大叶叶长 60.8cm、叶宽 14.4cm，叶柄长 25.2cm、宽 1.3cm、厚 0.8cm；平均有效蘖数 25 个，蘖长 60.1cm，蘖粗 2.4cm，单株鲜重 1.1kg。经浙江省农业科学院植物保护与微生物研究所鉴定抗病毒病。耐抽薹性中等，品质优良。从播种至采收约 105 天。该品种生长势强，分蘖较强，抗病毒病，丰产性好，加工性状较好，适宜宁波等地秋冬季种植。

4. 甬雪 4 号

由宁波市农业科学研究院蔬菜研究所育成杂交一代雪菜品种。株型开展，生长势强；株高 51.5cm，开展度 74.0cm×69.6cm；叶浅绿色，倒披针，复锯齿，浅裂，叶面微皱，有光泽，无蜡粉，刺毛少；最大叶叶长 60.8cm，宽 15.4cm；叶梗略圆，淡绿色，长 26.2cm，横径 1.1cm；平均侧芽数 27 个，单株鲜重 1.38kg。加工品质优良。秋季播种至采收约 105 天。该品种属杂交种，生长势强，丰产性好，抗病毒病，加工品质较优，适宜在浙江地区秋冬季种植。

5. 上海金丝芥菜

属板叶型品种，早熟，从播种到收获 150～160 天，耐寒性强，抗逆性较差，易感病毒病。株高 35～40cm，开展度 50cm 左右，株型半展开，较紧束。分蘖中等，叶黄绿色，叶缘小锯齿状，叶柄扁圆形。腌制后色泽鲜黄，梗细品质佳，一般亩产 3 000～4 000kg。加工利用率较低，一般多用作“咸菜”销售。

6. 九头芥

属细叶型品种,中晚熟,全生育期 170 天左右。株型直立,分蘖性较强,叶绿色,叶缘呈不规则粗锯齿状,叶柄浅绿色,扁圆形。耐寒性强,抗病性强,亩产 4 000kg 以上。加工利用率较高,既可作“咸菜”销售,也可用作晒干菜。

7. 嵊州细叶雪里蕻

嵊州市地方品种。该品种属细叶型,株高 45cm,开展度 50cm×60cm,株型直立。分蘖性较强,成株有分叉 30 个左右。叶色绿、倒披针形,叶缘呈不规则粗锯齿状,上部深裂,中下部全裂,有裂片 20～24 对,在大裂片上又生小裂片,叶面皱缩,无蜡粉和刺毛,叶柄浅绿,背面有棱角。品种迟熟,亩产量 5 000kg 左右。从播种到采收约 169 天。耐寒抗病,适宜腌制加工。

8. 诸暨细叶雪里蕻

原产诸暨市枫桥镇彩仙村,是当地的主栽品种。该品种属细叶型,株高 63cm,开展度 73cm×74cm,株型直立。分蘖性强,成株有分叉 32 个左右。叶绿色,倒卵形,长 71.6cm,宽 17cm,叶缘呈不规则粗锯齿状,深裂,基部全裂,有小裂片 9～11 对,叶面微皱,无蜡粉和刺毛,叶柄浅绿色,背面有棱角,柄长 5.1cm,宽 2.2cm,厚 0.9cm,横断面呈扁圆形,单株有叶片 186 张左右。该品种表现中熟,从播种到采收 162 天,耐寒性强,抗病性强,亩产量 5 000kg 左右。适宜腌制加工。

第五节　栽培技术

雪菜是我国长江流域普遍栽培的冬春两季主要蔬菜。在江浙一带冬播春收的叫春菜,秋播冬收的叫冬菜,宁波滨海区域以春菜栽培为主。

一、春菜栽培

1. 品种选择

春菜应选择抽薹迟、分枝多、柄细叶窄、强耐或抗病毒病、粗纤维含量低、腌制后色泽鲜黄、口感脆的优质高产品种。但不同地区因腌制习惯与腌制的目的有所区别，宁波、嘉兴、湖州地区以板叶型为主；绍兴地区以细叶型为主；台州地区则多采用花叶类型。

2. 苗床准备

选择2～3年内未种过且远离十字花科蔬菜的地块作苗床，要求土壤疏松肥沃，地下水位低、有机质含量高，排灌方便。苗地要深翻细整，整成龟背形，畦宽150cm左右。根据土壤肥力状况，每亩施入充分腐熟的有机肥800～1 000kg或商品有机肥150～200kg加过磷酸钙15～20kg；用40%辛硫磷乳油1 000倍液喷洒畦面，预防地下害虫。同时要做好种子处理，如风选、药剂拌种等。

3. 播种育苗

一般应根据当地茬口安排，于9月下旬至10月初播种。播前先浇足底水，然后撒播，做到细播、匀播。一般每亩苗地播种量200～300g，具体视品种而异。播后盖细土，并盖上稻草等覆盖物降温保湿，有条件的可用遮阳网覆盖，出苗后要及时揭网，以免造成“高脚苗”。间苗要及时，幼苗1～2片真叶时进行第1次间苗，保持苗距2～3cm；待长到3～4片真叶时再间苗一次，保持苗距6～7cm。每次间苗后要施一次淡肥水，促使根系与土壤紧密结合，促进秧苗茁壮生长。苗期保持床土湿润，重视防治蚜虫，以减轻病毒病的感染。移栽前施好起身肥，做到“四带”（带肥、带药、带土、带水）下田。

4. 整地施基肥

前作收获后，要及时清洁田园，清除残枝败叶，整地作畦，畦面整成龟背形。一般畦宽（连沟）1.5cm，深沟高畦，以利排水。定植前7～10天结合深翻施入基肥，每亩施用商品有机肥150～200kg加三元复合肥15～20kg，加过磷酸钙15～20kg。实际施用时，可根据当地土壤肥力与目标产量做适当调整。

5. 适时定植

春雪菜一般当幼苗具有5～6片真叶、苗龄25～30天时定植。定植一般在10月下旬至11月初完成为好,不宜太迟。

定植密度应根据品种、气候、土壤类型、传统习惯等综合确定,一般行距40～50cm,株距24～27cm,每亩种植5 500～6 000株。特高产品种,因分枝旺盛,应稀植,可降至3 500～4 500株。定植后,应及时浇一次定根水,以促进成活。实践证明,定植后成活快慢和生长好坏与定植质量有密切关系。定植时一定要做到"四个带""七个要"。四个带即:带药、带肥、带水、带土。七个要即:一要拉绳开穴定位;二要施足塞根肥;三要防止伤根;四要大小苗分级,匀株密植;五要秧壮根直;六要深栽壅土壅实;七要边起苗边移栽边浇定根水。

6. 大田管理

定植后5～7天要及时进行查苗补苗。定植后半个月中耕1次,共进行2～3次,以去除杂草、防止板结,增加土壤通透性,促进生长。

雪菜是叶用的蔬菜,施肥以氮肥为主,适当增施磷钾肥。追肥结合浇水进行,一般2～3次,浓度由淡到浓。12月下旬进行第一次追肥,每亩用三元复合肥25～30kg或碳酸氢铵30～40kg加氯化钾10kg;2月上中旬进行第二次追肥,每亩用三元复合肥15～20kg或碳酸氢铵25～30kg加硫酸钾10kg。具体用量要根据土壤肥力及长势酌情增减。采收前20天停止追肥,以免植株过嫩,不利腌制保存。冬春季如雨水较多,应注意开沟排水防渍害。

7. 病虫防治

病虫害主要是病毒病和蚜虫等。其防治方法参见本书第九章。

8. 采收

当雪菜薹长8～10cm,最迟到薹叶相平时必须收获。过早采收，影响产量，过迟收获，品质不佳。雪菜采收宜安排在晴天上午收割，收割时应将雪菜的根部用刀削平，除去外层的病叶、黄叶，然后使其基部朝上，叶薹朝下倒覆在畦面上晒菜脱水。晒菜脱水的时间与程度根据天气情况，一般为 4～6h，以雪菜脱水占自重的 30%，茎叶变软、折而不断为宜。

二、冬菜栽培

育苗地、大田栽培田地选择、品种选择、种子准备和处理与春菜栽培相同。

冬菜栽培的主要特点是生长季节温度较高，雪菜生长较快，同时蚜虫等病虫害发生较严重，因此在栽培技术上必须采取对应措施。

1. 适当迟播

冬菜的播种期以 8 月中下旬为宜，以避开高温，减轻病毒病的为害。但应因地制宜，视各地不同的气候条件、不同茬口、不同品种而有所差异。

2. 隔离育苗

播种前 1 天，苗床要浇足底水，播后覆盖遮阳网，以保湿降温防暴雨冲刷，保证一播全苗。出苗后及时搭好拱棚，覆盖银灰色防虫网防蚜虫，减轻病毒病危害。

3. 适时移栽

苗龄一般不超过 25～30 天。定植最好选择在晴天傍晚或阴天进行，做到“带药、带水、带肥、带土”栽种，栽后立即浇足定根水，以利根系与土壤充分接触，提高成活率。

4. 合理密植

冬菜不会抽薹，而且生长期短于春菜，其栽培密度应比春菜稍高一些，但因品种不同也有所不同，一般畦宽（连沟）为 1.2～1.5m，因品种不同可栽种 3～4 行，行距 40～50cm、株距 20～25cm，亩栽 6 500～7 500株。

5. 田间管理

定植后早晚要浇水,以利成活。成活后要及时追肥,掌握由稀到浓的原则。一般成活后10天左右进行第1次追肥,每亩用碳酸氢铵15～20kg加过磷酸钙15～20kg对水浇施。11月初进行第二次追肥,每亩用三元复合肥20～25kg开沟条施。冬菜生长期间,如遇持续天气干旱应在傍晚时畦沟灌水,然后及时排干,以免渍害引发根肿病。

6. 病虫害防治

秋季正值高温季节,是各种病虫害易发的时期。主要病虫害有病毒病、蚜虫、小菜蛾等,重点是病毒病,应注意防治。防治方法参见本书第九章。

7. 适时收获

雪菜秋冬栽培的生长期较短,除30天左右的苗龄外,本田生长期只有60天左右,多在小雪前后收获,但因冬菜不会抽薹,只要不遇冻害,其采收期可根据需要适当延长。

第五章　高菜标准化栽培技术

第一节　起源及营养价值

据日本《新选字镜》和《延喜式》记载，高菜原产中国四川，其祖先为“宽叶芥菜”，明治37年(1904年)引入日本奈良县，改称“中国野菜”，后经选育形成三池赤缩缅高菜、山形せぃさぃ、コブ高菜、结球高菜等十多个品种，目前其栽培已遍及日本各地，成为日本腌制加工菜的主要品种。近年来，在中日蔬菜贸易中重新引入中国，高菜品质风味较好，不仅细嫩少渣，而且回口微甜，产量高，冬春种植一般亩产可达5 000kg以上。目前，我国高菜种植区域已遍及全国，产量一直呈趋于上升态势(图5-1、图5-2)，高菜已成为我国加工腌制菜出口日本及东南亚国家的主要品种之一。

高菜富有营养且有一定的保健价值。据测定，高菜富含各种维生素和各种氨基酸，特别是花青素和维生素P、维生素K含量较高。维生素A、B、C、D、胡萝卜素和膳食纤维素等都很齐全。据测定，每100g鲜菜含花青素2.6mg、维生素P 0.08mg、维生素K 0.15mg、胡萝卜素0.11mg、维生素B_1 0.04mg、维生素B_2 0.04mg、维生素C 39mg、尼克酸0.3mg、钙100mg、磷56mg、铁1.9mg，以及糖类4%、蛋白质1.3%、脂肪0.3%、粗纤维0.9%等。同时，由于叶色呈紫色，按照蔬菜营养的高低遵循着由深色到浅色的规律，其营养成分仅次于黑色蔬菜，而远远高于绿色、红色、黄色、白色的蔬菜。因此，高菜和其他紫色蔬菜一样属于营养丰富的高档蔬菜(图5-3)。

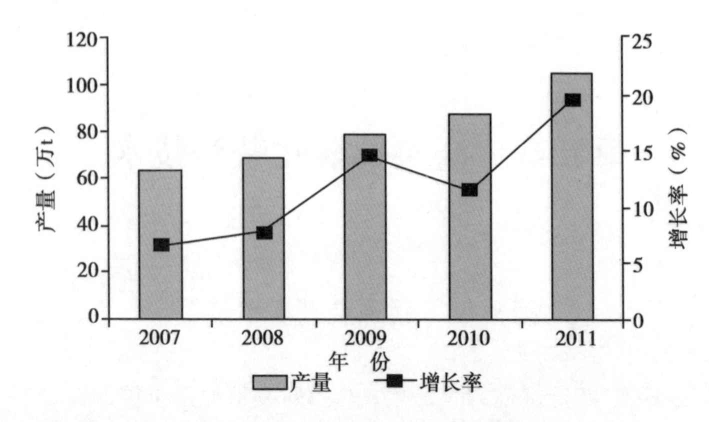

图 5-1　2007—2011 年日本高菜行业产品产量分析(全国)

（引自“2013 年中国日本高菜行业企业发展战略研究咨询报告”，调查数据来源于国家统计局、国家信息中心、行业协会、海关及企业调研数据）

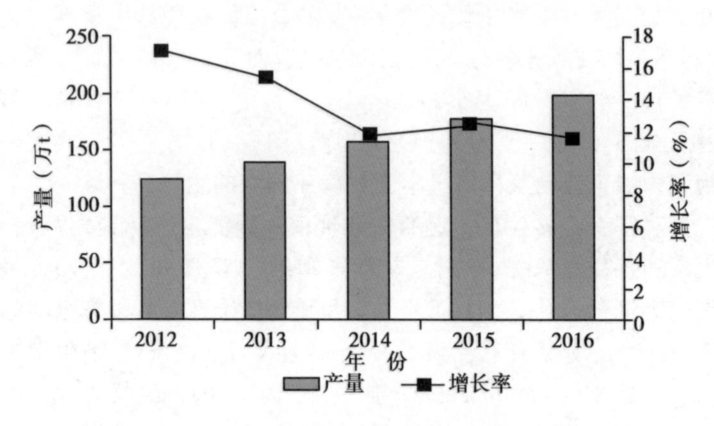

图 5-2　2012—2016 年日本高菜行业产品产量预测(全国)

（引自“2013 年中国日本高菜行业企业发展战略研究咨询报告”，调查数据来源于国家统计局、国家信息中心、行业协会、海关及企业调研数据）

高菜的保健价值主要是其富含花青素，花青素具有六大保健功能，可预防癌症、增进视力、可作口服的皮肤化妆品、可清除体内有害的自由基、可改善睡眠、可加固血管改善循环。由于花青素能

图 5-3　高菜

够改善血液循环,恢复失去的微血管功效,加强脆弱的血管,使血管更具弹性,被人们称为“动脉粥样硬化的解毒药”。

宁波地区自20世纪90年代引进三池赤缩缅高菜以来,种植规模不断扩大,平均亩产量5 000～6 000kg,亩产值2 000元以上,已成为宁波市种植业结构调整、发展出口加工蔬菜的主要品种之一。

第二节　生物学特性及其对环境条件的要求

一、植物学特征

1. 根

根为直根系,主根较粗,须根发达,耐移植,移栽后大量发生的侧根较细,且多分布于30cm内的土层里,对水分和养分的吸收能力较强。

2. 茎、叶

茎为短缩茎，在营养生长前期极不明显，短缩在根茎上，无分枝能力，通过春化和光照阶段后，短缩茎伸长抽薹开花；高菜真叶的生长为2/5或3/8型，叶柄扁宽肥厚而较长，横断面弧形，叶脉发达，叶背稍隆起，叶面皱缩。

3. 花

花为总状花序，花茎多分枝，花瓣4枚、黄色，是十字花科的典型花冠，雄蕊6枚，4长2短。雌蕊单生，子房上位，有4个蜜腺，属两性虫媒花，杂交力强，因此在留种时特别要注意防止杂交变种。

4. 果实和种子

果实为细长角果，由二心皮构成，中央有假隔膜，分成两室，种子排成两列，果实成熟时易开裂。每个角果中含有10～20粒种子，种子无胚乳，近似圆形，种皮颜色为红褐色或紫色。籽粒细小，千粒重1g左右。由于籽粒较小，种子贮藏的养分不多，应在－18℃以下低温干燥冷藏。贮藏不当，会大大降低种子发芽率，甚至不发芽。

二、生育周期

高菜的生育周期包括营养生长期和生殖生长期两个时期。

1. 发芽期

自种子萌动至两片子叶展开，真叶显露。

2. 幼苗期

真叶显露至第一叶环形成。

3. 莲座期

第1叶环至第2叶环形成。

4. 产品器官形成期

叶柄加速伸长和增厚。

5. 开花结实期

经过第一年的冬季低温条件后，在第二年的春季长日照条件下抽薹开花结实。高菜冬性较强，不易抽薹开花。

三、对环境条件的要求

高菜与雪菜同为芥菜类蔬菜，分布区域基本一样，凡能种植雪菜的区域，也能种植高菜。它们对环境条件的要求也基本相同。

第三节　品种类型与主要品种

一、品种类型

目前，高菜主要有两大类型。一类是青高菜，青高菜较多地保留原有宽柄大叶芥的特征特性，但叶脉有红筋，叶肉稍有红斑，全株基本呈绿中透红；另一类是红高菜，红高菜叶脉呈红色，叶肉也含有较多紫红色色斑，全株基本呈红中泛绿。

二、主要品种

1. 三池赤缩缅高菜

原产于日本三池县(今日本三山市)。植株直立，生长势强，株型紧凑，株高 55～60cm，叶长 30～35cm，商品叶 17～19 张，叶色浓绿，叶长 40～50cm，宽 20～30cm，叶面蜡质，有光泽、全缘、叶脉紫红色、稍皱缩、无茸毛。叶片和叶柄宽大，叶柄浅绿色，叶柄长 30～35cm、宽 6～8cm，叶柄肉质厚，肉质叶柄与叶片之比为 2∶1，是加工的主要构成部分；心薹高 5～8cm，有未展开心叶 4～5 张，淡黄色；平均单株重 1.5～2.5kg。耐寒，耐湿，抗病，抽薹晚。高菜纤维含量少，可鲜食，有其独特的辛香味，适宜腌制加工，其加工品色泽金黄，脆嫩可口，口感优于雪菜、白菜等。

2. 青高菜

植株直立，生长势强，株型紧凑，株高 50～55cm，叶长 32～36cm，商品叶 17～19 张，叶色浓绿，叶长 42～48cm，宽 20～30cm，叶面蜡质，有光泽，全缘、叶脉紫红色、稍皱缩、无茸毛。叶片和叶柄宽大，叶柄浅绿色，叶柄长 30～35cm、宽 6～8cm，叶柄肉质厚，肉质叶柄与叶片之比为 2∶1，是加工的主要构成部分；心薹高 5～8cm，有未展开心叶 4～5 张，淡黄色；平均单株净菜重 1.3～2.0kg。耐寒，耐湿，抗病，抽薹晚。高菜纤维含量少，可鲜食，有其独特的辛香味，适宜腌制加工，加工后的产品脆嫩可口。

3. 甬高 2 号

宁波市农业科学研究院蔬菜研究所选育的红高菜类型新品种。株型较直立，株高约 52cm，开展度约 62cm×55cm，单株重约 1.48kg。叶数约 22 片；叶全缘，叶面皱褶，有光泽，蜡粉少，无刺毛，正面叶脉紫红色；最大叶叶长约 54cm，宽约 28cm，叶柄长约 6cm、宽约 6cm、厚约 1cm；中肋淡绿色，有蜡粉，横断面弧形，长约 32cm、宽约 11cm、厚约 1cm。该品种耐寒性和冬性较强；田间表现软腐病较轻。丰产性较好，平均亩产量 5 000kg 左右，加工性状较好。

第四节　栽培技术

一、播种育苗

1. 播种期

生产上以冬播春收为主。播种期一般为 9 月下旬至 10 月初。在适期范围内适当迟播，可减轻病毒病发生和冻害，有利于稳产。但播种期不能太迟，否则会缩短年前大田生长期，以小苗越冬不利于高菜春后生长，影响产量。播种期最迟不宜迟于 10 月 10 日。

2. 苗床准备

苗床应选择未种过十字花科蔬菜、地势高燥、土质疏松肥沃、地下水位低、排水方便、团粒结构好，便于带土移栽的沙壤土田块。苗床面积与大田面积比例为 1∶20。播前 1 个月，苗床翻耕晒白；播种前 7～10 天，结合整地每亩撒施三元复合肥 20～25kg 作基肥。然后整地，南北向作畦，畦面宽 1.0～1.2m、沟宽 0.4m，沟深

0.3m,苗床土要求下粗上细,畦面整平整细,并用辛硫磷等农药防好地下害虫。

3. 播种

每亩苗床用种量 0.5kg。播种前 1 天苗床浇透底水。因高菜种子细小、且用种量少,播种时可掺细土撒播,以做到细播匀播。播种后覆盖细土或草木灰 0.3～0.5cm,并用遮阳网覆盖。

4. 播后管理

(1)防虫网覆盖。出苗后,及时揭掉遮阳网、搭建小拱棚,并采用 20～30 目防虫网覆盖,以避免蚜虫为害,减少病毒病发生。防虫网要用细绳子加固,接地部分用土压实,防止被大风吹掉,影响覆盖效果。

(2)及时间苗。幼苗 1～2 片真叶时及时间苗,保持苗距 3～5cm;幼苗 3～4 片真叶时进行第二次间苗,确保幼苗个体间相距 6～8cm。结合间苗,拔除杂草,并视苗情施 1～2 次 0.5%尿素或 0.5%三元复合肥溶液。幼苗前期生长缓慢,注意浇水保湿,做到勤浇、少浇,不可大水漫灌。

(3)防治虫害。苗期病虫害主要有蚜虫、菜青虫和黄条跳甲等,应选用对口药剂及时做好防治工作。

二、定植

1. 定植前准备

(1)大田准备。高菜种植同样忌连作,宜选用前作未种过十字花科蔬菜的田块种植。种植前,大田需精细翻耕,并结合深翻,每亩施商品有机肥 250～300kg 加三元复合肥 30～40kg 作基肥。在定植前 10～15 天深耕细整,畦宽(连沟)1.5m,作成深沟高畦,沟底平整,畦直、面平。

(2)起苗准备。定植前 3～4 天,揭去防虫网进行炼苗,同时每亩用尿素 5kg 对水浇施作为起身肥,并用 50%多菌灵可湿性粉剂 600～800 倍液、70%吡虫啉可湿性粉剂 4 000倍液喷雾预防病虫一次,带药起苗,增强植株抗性。

2. 适期定植

(1)定植时期。一般在11月上中旬,当幼苗具4～5片真叶时定植,苗龄30天左右。定植过早,前期气温高、生长旺,冬季易受冻害而感软腐病等病害;定植过迟,气温低,冬前生长慢,难以形成高产苗架。

(2)定植密度。一般畦宽(连沟)1.35～1.50m,每畦种3行,株距35～40cm,每亩种植3 500～4 000株。土质好、肥力足的田块可适当稀植;土质差、肥力较低的宜适当密植,以保证获得较高产量。

(3)定植方法。定植前1天将苗床浇透水,以利起苗。抢晴天进行栽种,切忌冒雨湿栽,避免栽后缓苗慢、发棵困难。定植前先对幼苗进行分级,淘汰小苗、弱苗、病苗,选择无病虫健壮的大苗定植,每穴1株,带土移栽,栽种后浇好定根水。定植后5～7天,如遇连续干旱天气,可在傍晚采用沟灌以提高成活率,灌水至半沟深为宜,同时进行查苗补缺。

三、大田管理

1. 追肥

高菜产量高,需肥量较大,要施足基肥,适时追肥。追肥以氮肥为主,并适量增施磷、钾肥。第一次于定植成活后施用,一般亩施尿素5kg;第二次追肥在12月下旬封行前施入,一般每亩施三元复合肥30～40kg,以促进植株健壮生长,提高抗寒力。2月下旬重施第三次追肥,一般每亩施三元复合肥35～40kg或尿素15～20kg加氯化钾5kg,以促进植株健壮生长,增加产量。采收前20～25天停止施肥,防止硝酸盐含量超标。

2. 水分管理

整个生长期水分管理的原则是少雨时防止干旱,多雨时防止积水,做好"三沟"(边沟、腰沟、排水沟)配套,保证雨止沟干。

3. 中耕除草

冬前至2月中旬期间,结合培土护根进行中耕除草,以有利于增加土壤通透性,提高地温。中耕除草不宜太迟,否则不仅会因植株个体过大而不利于操作,且易损伤植株,导致软腐病等病菌或病毒感染。

四、病虫害防治

高莱冬种春收,病虫害相对较少,主要病害有霜霉病、黑斑病等;主要虫害有菜青虫、小菜蛾、蚜虫、蜗牛等。在防治上要采用绿色防控技术,以农业防治、物理防治、生物防治为基础,药剂防治为辅,适时对症下药,减少用药次数和用药量。具体防治措施参阅本书第九章。

五、适时收获

一般 3 月底至 4 月初,当高莱株高 50～60cm、薹高 10cm 以下时为收获适期。也可根据企业加工要求适时采收。过早采收,产量不高;过迟采收,高莱品质变差。

收获宜选择晴天上午露水干后进行。收割时要除去病叶、黄叶、烂叶,并用刀削平根茎,摊在田间晾晒 2～4h,让其失去部分水分,晒蔫脱水标准约 20%,以减少机械损伤而影响品质。

第六章　包心芥菜标准化栽培技术

第一节　起源与分布

关于芥菜的起源，众说不一，瓦维洛夫(Vsvilov)在1926年认为中亚细亚、印度西北部及巴基斯坦和克什米尔为芥菜的原生起源中心，而中国中部和西部、印度东部和缅甸、小亚细亚和伊朗是3个次生起源中心。1935年瓦维洛夫在正式发表的《育种的理论基础》一书中，则认为中国中部和西部山区及其毗邻低地、中亚即印度西北部、整个阿富汗和前苏联的塔吉克和乌兹别克共和国以及天山西部是芥菜的原产地，其中中国是芥菜的东方发源地。而前亚(小亚细亚西部、外高加索全部、伊朗和山地土库曼)和印度起源中心(包括印度东部的阿萨姆省和缅甸)为芥菜的次生起源中心；星川清亲(1978)认为中亚细亚是芥菜的原生起源中心，是由原产地中海沿岸的黑芥与芸薹天然杂交形成；中国学者李曙轩(1982)、陈世儒(1982)、刘后利(1984)、宋克明(1988)等均认为芥菜起源于中国。

包心芥菜是芥菜中大叶芥菜的一个变种，在植物学分类上，它和其他芥菜一样，属十字花科芸薹属，是一年或二年生草本植物。包心芥菜在民间又称为大肉芥菜、大芥菜、水成菜，以叶球和叶片为食用部位，生长期较短，较耐寒，产量较高。在我国，它广泛分布于广东、广西、福建等省，其中以广东省栽培最多。浙江省余姚市于20世纪90年代初引入作秋季栽培，因其适应性较强、产量高，适宜腌制加工，其加工产品口感独特、色味俱佳，商品性好，既可以做餐桌上的风味小菜，又可作为煮、炒、焖的配菜佳品，深受广大菜农和加工企业欢迎，种植面积不断扩大。目前，包心芥菜在余姚、慈溪滨海区域种植面积已达1万多亩，主要分布于余姚市小曹娥、泗门、临山，慈溪市周巷、庵东等乡镇(图6-1)。

图6-1　包心芥菜

第二节　生物学特性及其对环境条件的要求

一、植物学特征

包心芥菜植株高大，株高一般为25～35cm，开展度40～50cm；根为直根系，须根多，主根较细，根系不发达，根群主要分布在20～30cm土层内。茎短缩。叶片阔而肥厚，且其叶柄内侧基部长有一如拇指大小的瘤状凸起，故又被称为“大肉芥菜”。包心芥菜叶面皱缩或平滑，叶缘波状或齿状屈裂，叶色深绿或浅绿，蜡粉少、纤维少，幼时有粗毛，叶柄短，中肋宽，扁平或近弧形，后期抱合成扁圆形叶球。叶球紧实程度因植株生长温度不同而不同；包心芥菜的花、果、种子与其他芥菜基本相似。种子千粒重1g左右。包心芥菜播种至初收生育期一般为50～60天，有的品种长达90～100天，可延续采收，采收期可达15天，单株重1.5～2.0kg，亩产量4 000～5 000kg。

二、对环境条件的要求

包心芥性喜冷凉、耐寒，冬性强；既不耐旱也不耐涝；种子发芽适温12～26℃，生长适温15～20℃，叶球形成温度10～25℃，在长江以南地区能正常过冬，属偏短日照作物。要求土壤耕层深厚、疏松肥沃、排灌方便，以壤土、砂壤土及轻黏土最适宜，pH值以6.5～7.5为好。生长前期氮肥需求量大，磷肥次之；叶球形成期对氮肥和钾肥的需求量增多，其吸收氮、磷、钾比例为1∶0.4∶1.1。

第三节　主要品种

1. 蔡兴利特选大坪埔大肉包心芥

该品种从香港蔡兴利国际有限公司引进。熟期较早，一般定植后60天左右收获。株型较紧凑，叶阔而平滑，叶柄宽。株高30cm，株幅50cm左右，结球力和抗逆性较强。肉质厚，皮脆嫩，叶球叠包结实，球横径12～15cm，单球重1kg左右，一般亩产3 000～3 500kg。

2. 大坪埔大肉包心芥

该品种由广州长合种子有限公司生产。株高30～35cm，开展度50cm×40cm，最大叶30cm×30cm左右。从播种到收获约90天。株型较紧凑，腋芽极少，叶色绿里透黄，叶缘有刺状曲裂，叶柄较短。叶球结实近圆形，叶球高度和横径15～16cm。单球重1kg左右，一般亩产3 000kg。

3. 11号大坪埔大肉包心芥

该品种由广东省良种引进服务公司生产。早熟，一般从播种到收获90天左右。株高25～30cm，开展度40～45cm。生长势强，叶深绿色，比较厚实，叶柄扁阔肥厚多肉，心叶向内卷成叶球，结球紧实。柔嫩无筋丝，可口无渣。一般亩产2 500kg左右。

4. 农芥一号

该品种由台湾农友种苗股份有限公司生产。全生育期90～100天。株高25cm左右，株型极松散，开展度65cm×50cm左右。叶片平滑、较薄，叶色淡，叶柄较短，有腋芽。一般主球横径13cm左右，重约1kg，一般亩产2 000～2 500 kg。侧球较小，重200～250g。

第四节　栽培技术

一、品种选择

包心芥菜品种较多，为充分利用秋季光温资源，又不影响冬季榨菜种植，宜选择早、中熟品种。主要品种有蔡兴利大坪埔大肉包心芥、11号大坪埔大肉包心芥等，这些品种经余姚、慈溪滨海区域多年栽培，总体表现为适应性强、结球性能好、产量高、品质优、适于腌制加工。

二、播种育苗

1. 苗地选择

苗地应选择靠近大田，土壤肥沃，保水保肥能力好，排灌灵通的田块。

2. 种子选择

芥菜种子有休眠的特性，刚收获的种子晒干后，要经过80～100天的休眠后，才能发芽。在经过40～50天之后，开始有40%～50%的种子陆续发芽，但发芽势不理想。只有完全休眠后，才能达到95%～100%的发芽率。因此播种前必须对种子进行选择,要选择通过休眠期的种子进行播种。

3. 苗地准备

包心芥菜既可直播,也可采用育苗移栽的方法。但鉴于播种季节时值高温,为便于管理,提高成苗率,一般多采用育苗移栽。苗床要选择保水、保肥能力强,排灌通畅,疏松肥沃、前作不是十字花科作物的地块。苗床整地前先要清理残株败叶,然后精细整地。结合整地,每亩施商品有机肥200～300kg加过磷酸钙25kg作基肥。畦面整成龟背形,并用40%辛硫磷乳油1 000倍液喷洒畦面,防治地下害虫。

4. 适期播种

包心芥菜播种季节时值高温盛暑,过早播种,育苗较难,病毒病较重,而且生育时间缩短,结球小,产量低。过迟播种也不利结球,且影响下茬作物季节,因此必须掌握适宜播期。据试验(表6-1),在余姚、慈溪滨海区域,包心芥菜的播种适期以7月下旬为好,最适期在7月25日前后。一般每亩大田用种量25g左右。播种前浇足底水,播种后上覆细土,保持湿润,再平铺遮阳网,以保湿并防暴雨冲刷。

表6-1　包心芥菜播种期试验

播种期(月/日)	全生育期(天)	单球重(kg)	球宽×高(cm)	亩产(kg)
7/15	103	1.09	13.0×11.8	3 365.9
7/22	96	1.32	10.6×11.8	3 427.7
7/29	89	1.70	11.6×13.0	3 705.6
8/5	82	1.60	11.8×12.6	3 319.6

注:试验品种为蔡兴利特选大坪埔大肉包心芥

5. 苗期管理

(1)温度管理。出苗后改用小拱棚,上覆遮阳网,日盖夜揭。

(2)水肥管理。根据苗地情况,采取早晚浇水,以保持苗地湿润,促进幼苗生长。同时要根据苗情及时用0.3%的尿素溶液或

0.3%的复合肥溶液浇施追肥。

(3)间苗、定苗。当幼苗长出第一片真叶时，应及时进行第一次间苗，去劣苗病苗，做到互不挤苗。待第三片真叶展开时，进行第二次间苗及定苗。

(4)病虫防治。选用对口农药，做好蚜虫、小菜蛾等害虫和相关病害的防治。

三、定植

1. 施足基肥

包心芥菜秋季栽培生育期短、生长快、需肥多。要使包心芥菜优质高产，需在移栽前7～10天结合深翻施足基肥，基肥一般每亩施充分腐熟有机肥1 000～1 500kg或商品有机肥200kg，加三元复合肥25～30kg，根据土壤肥力酌情增减。

2. 适时定植

宁波滨海区域包心芥菜秋季栽培，选择的多为早中熟品种，苗龄一般控制在30天左右，当幼苗具有5片左右真叶时就可以栽种，定植宜选晴天傍晚或阴天进行。

3. 合理密植

(1)定植密度。2004年，余姚市农业技术推广服务总站对包心芥菜的定植密度进行了试验对比(表6－2)，试验结果表明，一般畦宽(连沟)135～150cm，双行种植，畦宽135cm的株距以30cm、畦宽150cm的株距以25cm为宜，每亩定植密度控制在3 500株左右。

(2)定植方法。根据栽种规格边开穴边栽种。栽种时土壤保持湿润，栽后及时浇施一次淡肥水作“定根水”，使根系同土壤紧密结合促进还苗。定植要做到“四带”(带肥、带药、带水、带泥)下田，其中“带肥”指在起苗前2～3天施好起身肥，如幼苗嫩绿可不用施起身肥，以防种后败苗；“带药”指用吡虫啉等药剂防治害虫；“带泥”指在起苗前浇透水，尽量做到根系带泥移栽，提高移栽成活率。由于叶用芥菜发根较慢，加上温度较高，因此种植时要尽量做到不伤根系,以促早发。

表 6-2　包心芥菜不同密度试验

行株距(cm)	生物产量(kg/株)	经济产量(kg/株)	亩产(kg)
75×25	1.25	0.81	2 829.5
75×30	1.34	0.90	2 442.4
75×35	1.37	0.90	1 997.0
75×40	1.45	0.93	1 297.2

注:试验品种为蔡兴利特选大坪埔大肉包心芥

四、大田管理

1. 及时查苗补缺

定植时正值高温干旱天气,容易出现僵苗、死苗现象,种植后要及时查苗补缺,保证全田有足够的苗数,力争全面平衡早发。

2. 加强肥水管理

由于包心芥转青后发棵较快,需要不断的肥水供应。因此要结合抗旱及时施肥,肥料由淡到浓。一般需追肥 3 次,第一次在还苗后进行,每亩用碳酸氢铵和过磷酸钙各 10kg 对水浇施;第二次在第一次追肥后 15 天进行,每亩用碳酸氢铵和过磷酸钙各 20kg 对水浇施;第 3 次在 9 月下旬、当包心率达 5%时进行,每亩用三元复合肥 40～50kg 对水浇施。收获前 20 天停止施肥,以免叶片含氮量过高或含水量过多而不利加工。同时做好中耕除草、开沟等工作,以防土壤板结、暴雨冲刷和雨后田间积水。

五、病虫防治

包心芥菜生长季节时值秋季,高温、干旱,病虫害相对频繁。病害主要是病毒病和软腐病;虫害主要是蚜虫、小菜蛾和夜蛾类害虫。在防治措施上,首先抓好农业防治、物理防治和生物防治,再辅以化学防治,严格遵守安全间隔期。有关病虫害的防治措施与方法请参阅本书第九章。

六、适时收获

一般 10 月下旬,当叶球紧实,外叶稍黄时即可进行收获。

第七章　辣椒标准化栽培技术

第一节　起源与分布

辣椒又称辣茄、海椒、辣子等，为茄科辣椒属的一年生或多年生草本植物。原产墨西哥，明朝末年传入中国，但起初只是作为观赏作物和药物栽培。最先开始食用辣椒的是贵州及其相邻地区。在盐缺乏的贵州，康熙年间(1662—1722年)当地土族、苗族用以代盐，辣椒起了代盐的作用，至乾隆年间与贵州相邻的云南镇雄和贵州东部的湖南辰州府也开始以辣椒为食料。嘉庆(1796—1820年)以后，黔、湘、川、赣几省辣椒种植普遍起来，江西、湖南、贵州、四川等地也开始“种以为蔬”了。

目前，辣椒的种植已遍及全国各地，成为我国栽培面积最大的蔬菜作物之一，常年种植面积达2 300万亩，占全球辣椒种植面积一半。我国已成为全球第一大辣椒生产国和主要消费国，也是辣椒出口最多的国家之一。当前，我国辣椒平均亩产量在1 000kg以上，个别高产品种亩产量甚至突破4 000kg。

辣椒包括甜椒和辣椒，供加工盐渍的主要是辣椒，一般采用露地栽培。

第二节　生物学特性及其对环境条件的要求

一、辣(甜)椒的形态特征

1. 根

辣(甜)椒的根系不算发达,入土较浅,主要表现为主根粗,根量少,根系生长速度慢,直到长有2～3片真叶时,才能生长出较多的二次侧根。茎基部不易发生不定根,根受伤后再生能力也较差。根群大多分布在10～15cm的表土层中。

2. 茎

辣(甜)椒茎直立,基部木质化,较坚韧。其分枝习性是,主茎长到一定叶片数后,顶芽分化为花芽,形成第一朵花;其下侧芽抽出分枝,呈双叉或三叉继续生长,侧枝顶芽又分化为花芽,形成第二朵花;以后每一分叉处着生1朵花。前期的分枝主要是在苗期形成的,后期的分枝主要取决于结果期的栽培条件。如夜温低,植株生长缓慢,幼苗营养状况良好时,则以三叉分枝居多,反之则以二叉分枝为多。按着果先后顺序,第一朵花结的果称"门椒",依次向上属于同一层次的辣椒,则分别称之为"对椒""四母斗""八面风"和"满天星"。与茄子的称呼基本相同。

3. 叶

辣(甜)椒的子叶呈披针形,真叶为单叶、互生、全缘,呈卵状披针形或长圆形,先端渐尖,叶面光滑,微具光泽。叶片大小、色泽与青果的色泽、大小有相关性。

4. 花

辣(甜)椒花为雌雄同花的两性花,自花授粉,属常异花授粉植物。辣椒花小,白色或绿白色,着生于分枝杈点上,单生或簇生。第一朵花出现在7～15节上,早熟品种出现节位低,晚熟品种出现节位高。植株营养状况的好坏会直接影响到花柱的长短。正常情况下多为高出花药的长柱花,但在营养不良时,短花柱花增多。短花柱花多授粉不良，落花率高。主枝和靠近主枝的侧枝营养比较充足，一般花器正常，远离主枝的侧枝营养状况差，中柱和短柱花就较多，落花也严重。因此，培育健壮植株是增加结果数的一个重要关键。

5. 果实

辣(甜)椒果实为浆果，形状以灯笼、长灯笼、羊角、短羊角、长羊角、牛角和圆锥形居多。果皮肉质，果身直或弯曲，表面光滑有腹沟。果皮与胎座之间形成较大的空腔，种室2～4个。青熟果浅绿色至深绿色，成熟果转为红色。辣(甜)椒受精后至果实充分膨大约需30天，到转色老熟又需20天以上。果顶有尖、钝尖或钝圆。果实着生多下垂，少数品种向上直立。

6. 种子

辣(甜)椒种子主要着生在胎座上，少数种子着生种室隔膜上。种子肾形，扁平微皱，略具光泽，淡黄色。种皮较厚实，故发芽不及茄子、番茄快。种子千粒重4.5～7g，寿命一般5～7年，但使用年限仅2～3年。新鲜的种子有光泽。

二、辣(甜)椒的生长发育周期

辣(甜)椒的生长发育周期包括发芽期、幼苗期、开花期和结果期4个阶段。

1. 发芽期

从种子萌动到子叶平展称为发芽期。发芽适温25～30℃，低于15℃不易发芽。种子吸收一定水分后，在一定的温度下便能萌动发芽。出土后15天左右出现第一片真叶。在发芽期主要依靠种子贮藏的养分转化供应，子叶展开后逐渐成长并进行光合作用，为幼苗生长提供光合养分。因此在发芽期应采取必要的技术措施，促使种子快速发芽出土，以保证幼苗健壮生长。

2. 幼苗期

从第一片真叶出现到花蕾显露称为幼苗期。生长适宜昼温25～30℃，夜温20～25℃。幼苗期长短会因育苗方式和管理水平不同而有差异，一般需 60～70 天。当辣(甜)椒苗长有 2～3 片真叶时，其生长点已分化。一般早熟品种 7～10 片真叶、中晚熟品种 10～14 片真叶时，开始花芽分化。较短的日照和较低的夜温能促进其花芽分化。在幼苗期，花芽的分化及发育与幼苗的营养生长同时进行，植株生长健壮是花芽分化的基础。因此，要创造适宜的苗床环境，使其顺利地进行花芽分化。

3. 开花期

从第一朵花现蕾到门椒坐住称为开花期。生长适宜昼温 20～25℃，夜温 16～20℃，35℃以上高温和 15℃以下低温都不利于结果。此期历时较短，仅为 20～30 天，是辣(甜)椒营养生长与生殖生长同时并进时期。但在门椒未进入膨大阶段前，植株仍以营养生长为主，这时应协调营养生长与生殖生长的关系，以促进果实发育。

4. 结果期

从第一果坐果到采收完毕称为结果期。最适温度为 25～28℃，光照不足会延迟结果并降低结果率，高温、干旱和强光直射对结果不利。开花受精至果实膨大达青熟需 25～30 天。此期是辣(甜)椒产量形成的主要阶段，开花和结果交替进行，植株正处于旺盛的生育时期。但由于果实的膨大及植株的不断结果，需要大量的养分，故栽培上应加强肥水管理和病虫防治，使植株营养生长和生殖生长协调发展，以利延长结果期和提高产量。

三、辣(甜)椒对环境条件的要求

辣(甜)椒的生长发育与温度、光照、水分以及土壤营养等均有着密切关系。其生活习性可概括为喜温暖，怕寒冷(尤怕霜冻)，又忌高温和暴晒，喜潮湿又怕水涝，比较耐肥。因此，采取相应的综合农业技术措施，满足其对环境条件的要求，是辣(甜)椒获得优质高产高效的前提。

1. 温度

辣(甜)椒属于喜温蔬菜，在 15～34℃范围内都能生长。但由于生育阶段不同,对温度的要求也有所各异。种子发芽适温 25～30℃,发芽需 4 天左右。低于 15℃或高于 35℃时种子不发芽。苗期要求较高的温度,白天 25～30℃,夜间 15～18℃最为有利,适宜的昼夜温差是 6～10℃。幼苗不耐低温,应注意防寒。开花结果初期适温是白天 20～25℃,夜间 15～20℃,低于 10℃不能开花。盛果期的适温为 25～28℃,如遇 35℃以上的高温,容易落花落果。根系生长最适地温 23～28℃,结果期如地温过高,再加上阳光直射地面,对根系发育不利,严重时能使暴露的根系变褐死亡,且易发病毒病。品种不同对温度的要求也有很大差异。大果型品种比小果型品种不耐高温。

2. 光照

辣(甜)椒为中光性植物,对日照长短的要求不太严格,只要温度适宜,营养条件良好,都能进行花芽分化和开花。但在较短的日照条件下,开花较早些。不同生育期对光照要求不同。种子发芽要求黑暗避光的条件,育苗期要求较强的光照,结果期要求中等光照强度。其光饱和点为 30 000勒克斯,比番茄、茄子都要低,光补偿点为 1 500勒克斯。在弱光下,幼苗节间伸长,含水量增加,叶薄色淡,适应性差。在强光下,幼苗节间短,叶厚色深,适应性强。但过强的光照,则茎叶矮小,不利于生长,也易发生病毒病和日灼病。

3. 水分

辣(甜)椒对水分要求严格,它既不耐旱也不耐涝,喜欢较干燥的空气条件。虽然单株需水量不多,但由于其根系不很发达,所以应经常保持土壤湿润,才能使其生长良好。土壤相对含水量 80%左右,空气相对湿度 60%～80%时,对其生长有利。一般大果型品种需水量较大,小果型品种需水量较小。辣(甜)椒在各生育期的需水量不同。种子发芽需要吸收一定的水分,但因种皮较厚,吸水较慢,要注意供给充足的水分。苗期植株尚小,需水量少。如土壤水分过多,根系发育不良,植株徒长纤弱,易引起病害,应做到宁干不湿。坐果期需水最多,如土壤干燥,则会引起落花落果。特别是果实膨大期,如水分供应不足,果面皱缩、弯曲、膨大缓慢,色泽暗枯。反之,如土壤水分呈饱和状态时间较长,植株易受涝害,导致烂根死株,或发生病害,栽培上要求做到雨停沟干,切忌田间积水。

4. 土壤与营养

辣(甜)椒对土壤要求不严格,在中性和微酸性土壤上都可以种植。但其根系对氧气的要求严格,以地势高燥、排灌方便、土层深厚肥沃、富含有机质和通透性良好的土壤为最好。适宜的土壤酸碱度(pH 值)为 5.5～7.0。

辣(甜)椒是连续结果的作物,且又以收获果实为目的,在整个生育过程中需要充足的养分,对氮、磷、钾三要素肥料要求较高。幼苗期植株细小,需氮肥较少,但需适当的磷、钾肥,以满足根系生长的需要。花芽分化时期受三要素施用量的影响极为明显。三要素施用量高的,花芽分化早且数量多。盛花坐果时期需要大量的三要素肥料。初花期氮肥过多,植株徒长,营养生长与生殖生长不协调。氮肥能促进茎叶生长,磷、钾肥使茎秆粗壮,增强植株抗病力,有利于花芽分化,促进果实膨大和增进果实色泽、品质。为此栽培中需要氮、磷、钾配合适当比例,同时还需要钙、镁、硼、铁等微量元素,以提高产量和改善品质。

第三节　品种类型与主要品种

一、品种类型

辣椒按果实辣味可分为甜椒类型、半(微)辣类型和辛辣类型三大类;按果型可分为樱桃椒类、圆锥椒类、长角椒类、簇生椒类和灯笼椒类等五大类,目前普遍栽培的是灯笼椒类和长角椒类品种;按熟期可分为早熟、中熟和晚熟类型。

1. 甜椒类型

属于灯笼椒类，植株粗壮高大，叶片肥厚，卵圆形。花大，白色，果柄短粗，果实大，呈扁圆、椭圆、柿子形或灯笼形，顶端凹陷，果皮浓绿，有3～4条纵沟，老熟后果皮呈红色或黄色，肉厚，味甜，宜作鲜菜炒食。如加配5号、中椒系列等品种。

2. 半(微)辣类型

多属于长角椒类或灯笼椒类，植株中等，稍开张，果多下垂，为长圆锥形至长角形，先端凹陷或尖，肉厚，味辣或微辣，作为炒食、腌制、酱食均可，适合多数人的口味。这类品种主要分布在长江中下游各地，如南京早椒、杭州鸡爪×吉林早椒、新丰5号、采风1号等。

3. 辛辣类型

植株较矮，枝条多，叶狭长，果实朝天簇生或斜生，细长呈羊角形或圆锥形，先端尖，果皮薄，种子多，嫩果绿色，老果红色或黄色，辣味浓。可加工成辣椒粉或干辣椒，分布地区较广。如余姚本地小椒、羊角椒、湘研4号、朝天椒等。

辣(甜)椒类型、品种繁多，栽培上应按市场需要、品种特性、消费习惯、栽培目的和栽培设施及栽培季节，选择适宜的品种。

二、主要品种

滨海区域应以早熟品种为主，适当搭配中晚熟品种。作腌制、干制的辣椒品种要求辣味浓厚，干物质含量高，果皮薄易干燥，而且抗逆性强、产量高、干制率高。

1. 红天湖203

从美国圣尼斯公司引进的鲜销加工兼用的杂交品种。中晚熟，长椒类型，鲜销加工兼用品种。该品种植株长势健壮，叶色较深，茎秆粗壮，植株高度0.9～1.2m，开展度75～80cm。青果绿色，红果鲜红，椒果直而且光滑，果形美观，辣味强，品质优。单株结果90～100个果实长度15～18cm，横径1.2cm，单果重15g。适宜海拔700m以下的耕地种植，一般种植密度每亩3 000株左右。

适应性广，抗逆性强，适宜夏秋栽培，大田生长期长达8个月，采收期5个月以上，一般亩产量3 000kg左右，高产田块亩产在4 000kg以上（图7－1）。

图7－1 红天湖203

2. 福椒6号

由安徽福斯特种苗有限公司选育的杂交一代辣椒新品种。该品种属羊角椒、鲜销加工兼用类型，熟性早中熟，一般青椒6月上旬始收，鲜红椒7月上中旬始收，8月上中旬终收。株高80～90cm左右，开展度70～80cm，株型较松散，叶色较淡。果面光滑艳丽，青椒果色黄绿，红椒红艳，果形直，辣味中等。生长势较强，抗病性强，产量高。始花节位9～11节，坐果率高，连续结果性好。单株结果数20～25个，椒长15～16cm，横径2.6～2.7cm，单果重27～30g，一般亩产2 000～2 500kg，高产田块3 000kg以上。

3. 余姚本地小椒

余姚市地方品种。中早熟，株高85cm，开展度80cm左右，果长18cm左右，横径1.3cm以上，单果重10g左右。叶片为卵形，深绿色，果形为羊角形，果皮薄，辣味浓，青熟果深绿色，老熟果深红色，抗病性强，适宜晒干和腌制，鲜红椒每亩产量1 500kg左右，露地和保护地均可栽培。

4. 红圣401

杭州蓝园生物技术有限公司育成的杂交品种。该品种早中熟。株高70cm左右，株幅70cm。叶色浅绿，株型紧凑，分枝力强，挂果率高，果实膨大快。果呈绿色，果长21～25cm，果肩横径1.5cm，单果重20～25g，每亩产量2 000kg左右。果形顺直，红果鲜艳且有光泽，辣味浓，耐贮运，可干鲜两用。该品种抗病，适应性强，露地和保护地栽培均可。

5. 天宫一号

安徽省萧县新椒种业有限公司育成的杂交品种。该品种熟性中熟偏早，株高60cm左右，株幅70cm左右。适应性和综合抗性较强，株型较紧凑。叶色浅绿，果色绿里显黄，果实表面微皱，辣味较浓。果长22～26cm，果宽1.8～2.0cm，单果重25～30g，每亩产量3 000kg左右。露地和保护地均可栽培。

6. 湘研16号

由湖南省蔬菜研究所选育而成的晚熟品种。株高60cm，植株开展度65cm，株型紧凑，分枝多，节密。叶为单叶，互生、全缘，卵圆形，先端渐尖，叶绿色，长约9cm，宽4cm。第一花着生节位13～16节，果实粗大牛角形，长18cm，横径3.4cm，肉厚0.35cm，2～3个心室，果肩微凸或平，果顶纯尖。果面平滑光亮，青熟果绿色，老熟果鲜红色，单果重45g，果皮较薄，肉质细软，辣味轻，风味浓，品质佳。耐湿耐热力强，对病毒病、炭疽病的抗性也较强。一般每亩产量2 500kg左右，适宜露地种植。

7. 四川小椒

四川省农家品种。中早熟，全生育期180天左右。植株生长健壮，根系发达，株形紧凑，株高70cm左右，开展度60cm，双杈分枝，结果高度集中。果实长角形，成熟时果实深红油亮，果长16cm左右，果径2cm左右，单果鲜重8～9g，干椒率20%左右，单果种子粒数70～80粒。该品种对病毒病、疫病、炭疽病、枯萎病等有较强抗性，不易落花落果。适宜干制和腌制。

第四节　栽培技术

一、播种育苗

1. 苗床准备

选择地势高燥，背风向阳，排灌通畅，2～3年内未种过茄科作物的田块作苗床。播前10天做好苗床和床土处理。苗床消毒可用50%多菌灵可湿性粉剂，每平方米用药量8～10g。

2. 种子处理

播前晒种1～2天，然后在55℃水中浸种15min，并不断搅拌，再在25～30℃水中浸4～5h，洗净沥干后直接播种，或置于28～30℃条件下催芽，当70%以上种子露白时播种。提倡采用基质穴盘育苗方法，以提高育苗质量，便于运输。

3. 播种育苗

露地栽培多采用小拱棚保温育苗，一般在1月下旬至2月初播种。有条件的可采用“大(中)棚＋小拱棚”方式保温育苗，有利于延长辣椒有效生长期，增加早期产量，提高土地产出效益。如余姚市农业技术推广服务总站2007年试验，采用“大(中)棚＋小拱棚”方式育苗的上市期比对照提早近10天，前期亩产量增加20%以上，每亩增加效益20%左右。

采用常规育苗的，每亩用种量40g左右，播种前先将苗床浇足底水，水下渗后，将已萌芽的种子拌上潮湿细沙均匀撒播于苗床，播后畦面上覆盖0.5cm厚细土，以不见种子为度，轻压后覆盖一层地膜，最后搭建小拱棚保温。

采用穴盘育苗的，每亩用种量30g左右，选用72孔的穴盘和蔬菜育苗专用基质，播种前基质装盘，刮平盘面，用盘底按压表面，形成1cm深播种孔；浇透底水。机械播种或人工播种，1孔1粒，播后用基质盖籽至穴盘表面平。然后将穴盘移入苗床，摆放整齐，四周覆土，平铺薄膜，并覆盖棚膜。

4. 苗期管理

(1)温湿度管理。当30%的种子出土后，及时揭去畦面覆盖的地膜。出苗前棚内温度白天保持25～28℃、夜间18～20℃；齐苗后逐步降温，棚内温度白天22～25℃、夜间15～18℃。若夜间气温降至10℃时，在小拱棚上加盖遮阳网等覆盖物保温。如棚内温度超过30℃，应及时通风；白天大棚内的拱棚膜要适时揭开，以增光降湿。

(2)肥水管理。常规育苗要适当控制浇水，保持苗床湿润。苗期一般不追肥，若缺肥可用0.3%浓度的三元复合肥溶液追施。穴盘育苗要及时浇水，保持盘内基质湿润，注意穴盘边缘补水。幼苗2叶1心和3叶1心时各喷施1次0.3%浓度的三元复合肥溶液。

(3)假植。常规育苗当幼苗具2～3片真叶时应进行假植。选用直径8～10cm的营养钵，1钵1株。假植应选择“冷尾暖头”的晴天进行，边假植边浇“定根水”。假植后的管理同苗期。

(4)炼苗。定植前7天开始炼苗。炼苗时先把苗床温度白天降到25℃左右，夜间温度降到10～12℃。3天后再把白天温度降到20～25℃，夜间温度降到8～10℃。期间遇寒流时，仍应及时保温防寒。炼苗期间应注意控制水分，勿过干过湿。

5. 壮苗标准

苗高25cm左右，茎粗0.4cm，叶片肥厚，叶数12～14叶，叶色深绿，根系发达，带有花蕾。

二、定植

1. 大田准备

选择地势高燥、排灌灵通、土层深厚肥沃、富含有机质、pH值5.5～7.0的田块。定植前7～10天清洁田园，结合整地，一般每亩施商品有机肥200～250kg加三元复合肥30kg作基肥，具体用量可视土壤肥力而定。作畦宽(连沟)1.2～1.5m，沟深30cm。畦面成龟背形，覆盖地膜。提倡应用膜下滴灌灌溉技术，种植田注意合理轮作。

2. 定植

作为腌制用的辣椒基本上采用露地栽培，一般 4 月中旬前后进行定植，选择“冷尾暖头”晴天进行。定植前按行距 60～75cm、株距 30～35cm 开好穴，每亩栽种 3 000株左右。定植时大小苗分级，尽量少伤根，深度以根颈部与畦面相平为宜，栽后用泥土压实穴口，浇好“定根水”。

三、田间管理

1. 水分管理

辣椒不耐涝，要结合根部培土及时清沟，以防渍害、倒伏。同时，6 月下旬进入高温、干旱时期，视土壤墒情酌情采用灌“跑马水”的方式补充水分。

2. 及时追肥

辣椒成活后轻施苗肥，每亩可用碳酸氢铵加过磷酸钙各 5kg 对水浇施，以促进辣椒快速生长。当辣椒进入盛花期到结椒初期(一般 5 月中旬)时，在畦中间破膜开沟施重肥一次，每亩施三元复合肥 30～40kg 或尿素 30kg 加钾肥 15kg，以后视情况灵活掌握。若进行越夏栽培的可在 8 月上旬再追施一次肥料，每亩用尿素 10kg，从畦两旁开穴施入，此时时值高温干旱，施肥时不要离根系太近，以免造成肥害。同时，在辣椒生长中后期，可结合防治病虫进行根外追肥。

3. 植株调整

要及时整掉基部第一个分枝以下抽生的侧枝，摘除枯黄病叶，以减少养分消耗，促进田间通风透光，降低田间湿度。

4. 病虫害防治

辣椒主要病虫害有猝倒病、立枯病、疫病、炭疽病、病毒病、蚜虫、烟粉虱、斜纹夜蛾、甜菜夜蛾等，要严格按照国家有关规定和进口国农药残留控制标准，及时做好防治工作，具体防治方法详见本书第九章。

四、适时采收

应根据市场需求及时采收。采收过迟，既会影响产量和商品性，又不利其他幼果的膨大和后期结果率的提高。采收过早，果实肉质太薄，色泽不光亮，影响商品性。无论是采收青果还是红果，门椒都要尽量早摘。采收应在早晚进行，中午因水分蒸发较多，果柄不易脱落，容易损伤植株。

第八章　黄瓜标准化栽培技术

第一节　起源与传播

黄瓜又称青瓜、胡瓜(图 8-1),为葫芦科甜瓜属一年蔓生草本植物。黄瓜是世界性的瓜类作物,栽培历史悠久。

图 8-1　黄瓜

一、起源

早年的学者有的认为黄瓜原产于非洲,De Candolle 在《栽培作物的起源》中根据世界各地的黄瓜名称和古代地区的栽培资料,认为黄瓜的原产地大概在印度东北。此后英国植物学家 Hooker(1812—1911)首次在喜马拉雅山麓不丹至锡金地区发现了一种野生黄瓜类型,因其与栽培种杂交亲和力很高,故确认它为黄瓜的原生种,定名为 *Cueumis hardwiekii* RoYLE,并得到 Bailey(1909)、Vavilov(1935)等学者的支持。

日本京都大学 1952 年组织了尼泊尔和喜马拉雅科学探险队。

在海拔 1 300～1 700m 发现生长在玉米田中的野生黄瓜，它在 9 月开花、12 月成熟，果实椭圆形、黑刺、苦味重，不能食用，染色体 n=7，能与栽培种亲和，发现者北村将其定名为 *C. sativus* var. *hardwiekii* KITAMURA。另外，还将尼泊尔附近当地栽培的椭圆形无苦味的本地栽培种定名为 *C. sativus* var. *sikkimensis* HooKERf。该探险队还在巴基斯坦、阿富汗、伊朗收集了许多当地的品种。

关于野生黄瓜资源，据李瑶(1978)报导："据云南植物所考察，我国云南景东等地有野生黄瓜(*C. callosus*)；另外在 1979—1980 年由中国农业科学院蔬菜研究所与云南省农业科学院园艺研究所组成的蔬菜品种资源考察组，在云南西双版纳收集到一种新类型黄瓜，方圆形、大脐，果肉橙色，染色体 n=7，过氧化物酶、同工酶酶谱和普通黄瓜相近。

综上所述，从印度西部喜马拉雅山南麓到锡金、尼泊尔乃至我国的云南分布有多个类型的野生种的事实，可以确证黄瓜原产地是印度。

二、传播

黄瓜在印度至少有 3 000多年的栽培历史。在有史前期随着亚利安人的迁徙和入侵印度后，又和 Ham 族入驻埃及而得以传播，在古埃及第 12 王朝(公元前 1750 年)已有栽培。公元 1 世纪传入小亚细亚和北非。此后逐渐向北欧扩展，9 世纪传入法国和俄罗斯。1327 年英国始有栽培记录，1573 年以后才得到普及并形成独特的温室生态型。美洲大陆是哥伦布在 1494 年于海地岛试种；1535 年加拿大始有栽培记录。美国于 1584 年和 1609 年分别引进弗吉尼亚州和马萨诸塞州。

在亚洲主要是向我国和日本传播。日本在 10 世纪始有记录(《本草和名》公元 918 年、《倭名类聚抄》公元 923—930 年)，但很长时间对黄瓜没有客观的认识，如《和汉三才图会》(1712)认为"黄瓜性冷多食有害"，《菜谱》(1714)认为"黄瓜是瓜类下品"。直到

1833 年的《草本六部耕种法》才有所改变，并且在东京的砂町(1789)、大阪今宫(1818—1829)和京都爱宕郡圣护院村(1833—1843)早熟栽培，并由当时的生产能手试行成功黄瓜促成栽培，但在天保 13 年(1842)4 月德川幕府明令禁止进行黄瓜促成栽培，使技术进步受到遏制。直到大正 5 年(1916)才又出现利用油纸的保护地栽培。

我国黄瓜分为华北、华南两个生态型，在其传播途径和经历方面中外学者如 LOUFER 等的见解不尽一致。熊泽(1936—1937)认为“中国南方的黄瓜因与南亚相连，沿海路北上”；青叶高(1988)认为“由印度、东南亚沿海路进入华南成为现在的华南生态型”；桔昌司(2002)认为从“尼泊尔—缅甸—云南—华南”；李家文(1979)认为“经由缅甸和中印边界传入华南”。

现在黄瓜在我国各地已普遍栽培，浙江省主要分布在萧山、嘉善、桐乡、余姚、慈溪等地，宁波市常年种植黄瓜 2 万余亩。

第二节　生物学特性及其对环境条件的要求

一、植物学特征

1. 根

根由主根、侧根、须根和不定根组成，属浅根系。主要根群分布在 20cm 左右的耕层土壤中，吸水吸肥能力较弱，在栽培上要创造疏松、肥沃而湿润的土壤条件。主根上分生的侧根向四周水平伸展，主要集中于半径 30～40cm 的范围内。幼苗下胚轴能发生不定根，需在苗期进行适量培土及浇水以扩大根系。断根后不易再生，因此，黄瓜育苗时苗龄不宜过长，定植时要防止根系老化和断根。

2. 茎

茎蔓生，中空，4 棱或 5 棱，生有刚毛。茎蔓细弱、刚毛不发达，不易获得高产。一般茎粗 0.6～1.2cm，节间长 5～9cm 为宜，茎蔓过分粗壮，属于营养过旺。

3. 叶

叶分为子叶和真叶。子叶贮藏和制造的养分是秧苗早期主要营养来源。真叶为单叶互生，呈五角形，长有刺毛，叶缘有缺刻。黄瓜叶面积大、蒸腾系数高，生产上应注意抗旱。

4. 花

花为雌雄同株异花，着生于叶腋，一般雄花比雌花出现早。黄瓜为虫媒花，依靠昆虫传粉受精，品种间自然杂交率高。黄瓜可以不经过授粉受精而结果，称为单性结实，但授粉能提高结实率和促进果实发育。

5. 果

果实为假果，果面平滑或有棱、瘤、刺。果形为筒形至长棒状。

二、对环境条件的要求

1. 温度

黄瓜种子发育要求12℃以上的温度，发芽适温为25～30℃，苗期晴天最高温度应在24～28℃，阴天为18～22℃，夜间在12～17℃较好。黄瓜对高温的忍耐能力较差，一般只能忍耐35℃左右高温，超过35℃时生长不良，达40℃时就会落花落果。根系对地温的反应较敏感，地温降至12 ℃以下时，根系生理活动受阻，根毛很难生长，下部叶片变黄；8℃以下时，根系不能伸长。但地温过高，在30℃以上时，根的活力也减弱，植株衰老加快，影响产量。根系适宜生长温度为20～23℃。

2. 光照

黄瓜有一定的耐阴性，但充足的光照，能提高产量、改善品质。最适宜的光照为4万～6万勒克斯，较适宜在温室和塑料棚中生长。结果期若光照时间过短，强度较弱，会引起化瓜而减产。栽培上可以采用适当加大株行距、设立支架及合理植株调整等措施来调节光照，促进黄瓜生长发育。

3. 湿度

黄瓜根系浅,叶面积大,要求较高的空气和土壤湿度。空气相对湿度以70%~90%为宜,土壤湿度以85%~95%较好。土壤湿度合适时,适当降低空气湿度到50%~70%不但不影响生长,而且有利于防止霜霉病等病害的发生。在黄瓜栽培管理中要适时适量浇水。幼苗期水分不宜过多,浇水过多容易发生徒长,但也不宜过分控制,否则易形成老化苗;初花期要控制浇水,防止地上部徒长,促进根系发育;结果期营养生长和生殖生长同时进行,叶面积逐渐扩大,叶片数不断增加,果实发育快,对水分要求多,必须供给充足的水分才能获得高产。

4. 土壤

宜选择富含有机质、肥沃土壤种植黄瓜,以能平衡黄瓜根系喜湿而不耐涝、喜肥而不耐肥等矛盾。黏土不利于黄瓜发根,沙土发根较旺,但易老化。黄瓜在土壤酸碱度为pH值5.5~7.0的范围内能正常生长发育,但以pH值6.5为最适。

5. 营养

黄瓜植株生长快,短期内生产大量果实,且茎叶生长与结瓜同时进行,从而大量消耗掉土壤中的营养元素,因此施肥比其他蔬菜要大些。但黄瓜根系吸收养分的范围小、能力差,忍受土壤溶液的浓度较小,所以黄瓜施肥应以有机肥为主,只有在大量施用有机肥的基础上提高土壤的缓冲能力,才能施用较多的速效肥。施用化肥要配合浇水进行,以少量多次为原则。

第三节 主要品种

黄瓜栽培方式分大棚栽培和露地栽培两种,大棚黄瓜以市场鲜销为主,露地黄瓜一般为市场鲜销和腌制加工兼用。在品种选择上要根据销售目标来确定。

目前,生产上可选用的优良品种如下。

1. 津春4号

天津市农业科学院黄瓜研究所育成。该品种植株生长势强，分枝多。叶片较大而厚、深绿色。第一雌花着生于主蔓4～5节，以主蔓结瓜为主，侧蔓亦能结瓜，且有回头瓜。瓜条棍棒形，瓜色深绿、有光泽，白刺，棱瘤明显，心室小于瓜横径的一半，肉厚、质脆、致密，清香，商品性好。早熟，生育期约80天，从播种至始收50天左右。果实长30～40cm，单瓜重200g左右，丰产性能好，亩产可达5 000kg。

2. 津春5号

天津市农业科学院黄瓜研究所育成(图8-2)。该品种长势强，侧枝发达，第一雌花节位5～7节。瓜条深绿色，刺瘤中等，心小肉厚，适于腌制或鲜食，亩产4 500～5 000kg。兼抗霜霉、白粉、枯萎3种病害，抗枯萎病能力尤为明显。适于露地及地膜覆盖栽培。

图8-2　津春5号黄瓜

3. 津优1号

天津科润农业科技股份有限公司育成。长势强，有侧枝1～2个，叶片较大，深绿色。主蔓5～7叶着生第1朵雌花，以后每隔2～3节着雌花，瓜长为30～35cm，横径3.8cm，瓜柄长5.5cm左右，单瓜重250g左右。瓜皮深绿色有明显的棱、瘤，刺白色。中早熟，品质好，对霜霉病和白粉病抵抗力特强，春栽亩产量5 000～6 000kg。

4. 乳黄瓜

扬州及绍兴等地均有地方品种，经济性状基本相似(图8－3)。长势中等，外皮深绿或浅绿，茎细，节间短，分枝少，叶片少，叶色暗绿，一般瓜长20～25cm，均属早熟品种。主蔓侧蔓均能结瓜，但以主蔓结瓜为主，果肉厚，肉质细密，种腔小，适宜盐渍加工。抗寒能力弱，抗蔓枯病和霜霉病。

图8－3　乳黄瓜

第四节　栽培技术

一、播前准备

1. 苗床

(1)选地整地。选择3～5年内未种过葫芦科作物，地势高燥、背风向阳、排灌通畅、便于管理的田块作苗床。提前10天翻耕土壤做苗床，床宽(连沟)1.5m，苗床要整平拍实。

(2)苗床消毒与营养土铺放。用50%多菌灵可湿性粉剂进行苗床消毒，每平方米用药量8～10g。苗床直播育苗的，应在苗床上铺 5～8cm 厚的营养土；营养钵或穴盘育苗的，选择 6～8cm 直径的塑料营养钵或 72 孔的穴盘，将装好营养土的苗钵或装好基质的穴盘直接摆放到苗床上。基质应选用黄瓜育苗专用基质；营养土按田土、腐熟有机肥 7∶3 的比例配制，再加入营养土重量 0.1％的三元复合肥。田土应从未种过同科作物的田块中选取。

2. 种子处理

种子要在播种前先晒种 1～2 天，播前用 55℃温水烫种 15min，以消除种子表面菌源，自然冷却后在常温下浸种 3～4h。种子吸足水分后，洗净黏液后用纱布包好放在 25～30℃的地方催芽，一般 2 天左右，70％种子露白即可取出待播。

二、播种

1. 播种期和播种量

春季露地栽培一般 3 月中下旬育苗移栽或 4 月中旬大田直播，以育苗移栽栽培为好，可争取季节，提早移栽和上市；秋季露地栽培的 7 月底 8 月初直播。育苗移栽的亩用种量 100～150g，直播栽培的亩用种量 200～250g。

2. 播种方法

播种前将准备好的苗床及营养钵中的营养土浇透水，再把催芽后的种子平放在苗床或直接播种在营养钵或穴盘孔内，上覆细土，播种后平铺地膜，并及时搭小拱棚覆盖保温。当有 60％～70％的种子出土时揭去地膜。

春季大田直播的，在精细整地后，按预定株行距挖穴播种，每穴播 2～3 粒种子，然后覆盖地膜。秋黄瓜一般以直播为主，也可利用前茬豇豆、黄瓜架子，在败蓬前套播。播种前先浇足底水，然后播种。每穴 2～3 粒种子，盖土 1.0～1.5cm，然后用稻草等遮阴，起到降温保湿的作用。

三、苗期管理

1. 温、湿度管理

出苗前棚内温度白天保持 25～30℃，夜间保持 18～20℃。当有60%左右种子顶土时，应及时揭去地膜；出苗后白天棚内温度保持20～25℃，夜间保持14～16℃。当拱棚内温度超过30℃时应及时通风。苗床土壤或基质保持湿润，棚内空气湿度控制在80%左右。

2. 肥水管理

育苗期间，一般前期不需要追肥和浇水，中后期需肥量和需水量逐渐增加，要及时追肥浇水。追肥浇水一般在晴天中午温度较高时进行，浇水要确保浇透。当第1片真叶长大时结合浇水，用1%的三元复合肥溶液进行第1次追施，整个苗期追肥2～3次。移栽前1周开始炼苗，白天20～23℃、夜间10～12℃，以适应露地气候条件，并做好带肥、带药工作。

3. 间苗定苗

直播栽培的，在出苗后及时破膜放苗，当第1片真叶长出后进行1次间苗，每穴留2株；长至2～3片真叶时进行定苗，每穴留1株。每次间苗后要浇1次淡肥水。同时，要及时做好查苗补苗工作，确保全苗。

4. 壮苗标准

子叶完好，有3～5片真叶，节间较短，叶柄与主蔓的夹角45°，叶色深绿，叶片肥厚，茎粗壮，根系发达，无病虫害。

四、嫁接育苗

1. 砧木选择

宜选用新土佐类型南瓜作为黄瓜嫁接用砧木。

2. 播种育苗

黄瓜嫁接大多采用靠接法，黄瓜（接穗）比砧木提前7～10天播种。播前浇足底水，将种子播在穴盘中或撒播于播种床，盖上0.5～1.0cm厚的营养土，然后覆盖地膜和棚膜。播后管理同常规育苗。

3. 嫁接方法

采用靠接法，当南瓜苗的子叶展开、第一片真叶初露，黄瓜苗的子叶完全展开，第二片真叶微露时进行嫁接。嫁接时，先用刀片或竹签剔掉南瓜的生长点，从子叶节下方1cm处，自上向下呈45°角下刀，斜割的深度为茎粗的一半，最多不超过2/3，再取黄瓜苗从子叶节下部1.5cm处，自下而上呈30°角下刀，向上斜割幼茎的一半深，然后将黄瓜与南瓜的舌形切口互相嵌接好，用嫁接夹固定，随后栽入营养钵或苗床中，并加盖小拱棚。

4. 嫁接后管理

(1)温度管理。嫁接后前3天，白天温度保持25～28℃，夜间17～20℃；后3天白天温度保持22～23℃，夜间15～17℃。成活后转入正常管理。

(2)湿度管理。嫁接后前5～6天应保持密封状态，前3天保持空气相对湿度在95%以上，后3天空气相对湿度在70%～80%。一周后小拱棚两端适当通风，以后逐渐加大通风直到转入正常管理。

(3)光照管理。嫁接后1～3天，苗床密闭遮阴，早晚揭开两侧遮阳网见散射光。3天后逐渐增加光照。当嫁接苗生长点有新叶长出后，即转入正常管理。接穗断根后在中午适当遮光2～3天后转入正常管理。

(4)其他管理。嫁接后应及时摘除砧木的萌芽，保证接穗正常生长。嫁接后10～15天，幼苗基本成活，及时切断接穗根系。断根前1～2天，先在黄瓜茎基部轻捏一下，然后在接口以下1cm处断根。以后视接口愈合情况酌情去掉嫁接夹。炼苗同常规育苗管理。

五、定植

1. 大田准备

选择地势高燥、排灌灵通、土层深厚肥沃、有机质含量丰富、pH值5.5～7.0的田块种植。前作收获后及时清洁田园，抢晴天翻耕晒土，促进土壤疏松。基肥以充分腐熟有机肥为主，可以根据土壤肥力情况，每亩施商品有机肥200～300kg，三元复合肥30～

50kg。有机肥以全田撒施为主，三元复合肥在畦中间开沟施入。然后整地作畦，畦宽(连沟)1.5m，沟深25～30cm，畦面成龟背形。然后覆盖好地膜，地膜宜平铺、拉直，并塞入畦边，以保湿保肥，减少杂草危害。

2. 合理密植

定植以早为好，一般直播在苗床的黄瓜秧苗，在子叶平展时直接移栽或移入营养钵育成大苗后定植；播种在营养钵内的可培育成大苗、壮苗移栽。定植密度视品种特性、栽培季节、土壤条件等综合而定，在宁波滨海区域，一般采用双行定植，按株距25～30cm打孔定植，每亩密度3 000～3 500株。秋季栽培可适当密植，亩密度控制在3 500～4 000株。乳黄瓜种植密度可适当提高。栽种时地膜穴口宜小，开穴后把瓜苗连土放入穴内，把土填平压实，然后拉平地膜施好淡肥水，促使根系同土壤紧密结合。

六、大田管理

1. 查苗补苗

定植后，要经常巡视田间，发现僵苗、死苗、无头苗、缺株等情况，及时用备用苗补种，以确保全苗。

2. 搭架绑蔓

搭架宜在瓜蔓倒地前进行，否则会影响坐果和碰伤植株，搭架成"人字形"。搭架时，将竹棒在距离根部8～10cm处插入，架高2.5m左右。最好用新竹棒，以减少菌源。抽蔓后及时绑蔓，每3～4节绑一次，绑蔓宜在下午进行，上午茎蔓易折断。绑蔓的松紧度应抑强扶弱，对于生长势强的植株适当绑得紧一点，并使生长点高矮基本一致。

3. 整枝与打顶

黄瓜叶子在展开后大约40天即老化，如老叶过多会使叶片重叠，影响全株采光，造成田间通风透光不良，引发病害，因此必须及时摘除老叶。采用主蔓结瓜的应去掉所有的侧枝，侧蔓结瓜的在结瓜后留一至两片叶打顶，并摘除所有卷须。当瓜蔓超过架头时要及时打顶，以促进下部瓜的生长。

4. 追肥

春黄瓜坐果期长、产量高，对肥水的需求量大。前期可不施或少施追肥，第1批瓜结好后追施一次重肥，每亩用三元复合肥20～25kg。以后每7～10天追肥1次，追肥结合灌水进行，每亩用三元复合肥10～12.5kg，也可用浓度为0.2%～0.3%磷酸二氢钾或其他叶面肥进行根外追肥。

秋黄瓜生长快、结果早，要求肥水早促。一般需追肥3～4次，每次每亩用三元复合肥7.5～10kg对水浇施，同时，可结合病虫防治用磷酸二氢钾等进行根外追肥。

5. 水分管理

余姚、慈溪滨海区域春季雨水较充沛，基本上能满足黄瓜对水分的要求。一般定植后浇足“定根水”，缓苗期不浇水，以利促根控苗。结果期如遇高温干旱天气，可结合追肥浇水1～2次。梅雨季节雨水较多，要及时疏通沟渠，排除田间积水。秋季栽培要注意暴雨天气及时清沟排水，高温干旱天气及时灌水，灌水宜在傍晚时进行。

6. 病虫防治

黄瓜病虫害主要有细菌性角斑病、疫病、霜霉病、蚜虫、美洲斑潜蝇及干旱季节的红蜘蛛等，要严格按照国家有关规定选用对口农药，及时做好防治工作，具体防治方法详见本书第九章。

七、及时采收

黄瓜一般从开花到采收只需10～14天，如遇连续晴天，只需7天左右即可采收。商品瓜的规格可根据品种特性及加工企业要求灵活掌握。一般结果初期可隔天采收，盛果期需每天采收。采收宜在早晨或傍晚进行，最好用剪刀剪，以免损伤瓜蔓及其他嫩瓜。

第九章　病虫害防治技术

第一节　防治原则与主要防治对象

一、防治原则

坚持“预防为主、综合防治”的植保方针，把农业防治、物理防治、生物防治放在病虫害防治的首要位置。如确需使用化学农药进行防治的，则须对化学农药种类、用量、用法进行严格控制，把蔬菜农药残留控制在允许的范围内。

二、主要防治对象

据调查，滨海区域特色腌制蔬菜发生为害较重的病害有病毒病、软腐病、菌核病、霜霉病、灰霉病、炭疽病、疫病、白锈病、黑斑病、白粉病等；发生量大、危害严重的虫害有蚜虫、红蜘蛛、烟粉虱、美洲斑潜蝇、小地老虎、小菜蛾、斜纹夜蛾、甜菜夜蛾等。

第二节　病虫害综合防治技术

实施蔬菜病虫无害化治理技术，可以有效控制病虫为害和控制农药残留，改善和优化菜田生态系统。它包括以下六大内容。

一、农业防治

农业防治是指通过一系列农业技术措施，优化蔬菜田生态环境，创造有利蔬菜生长发育而不利于有害生物发生与为害的一种防治方法。农业防治措施包括 6 个方面。

（一）选用优质抗病品种

选育产量、品质及抗（耐）病、抗逆性好的复合型品种，能有效减轻病虫害的为害，是防治有害生物的一种有效方法。例如，2000年鄞县雪菜开发研究中心与浙江大学生物技术研究所合作，进行稳产高产、高抗雪菜病毒病品种选育及病毒病综合防治技术研究，从长江流域70多个地方品种中选育出了较耐雪菜芜菁花叶病毒的品种鄞雪18号，宁波市农业科学研究院通过杂交育种技术选育了高抗雪菜病毒病的杂交系列品种甬雪3号、甬雪4号。

（二）合理轮作

合理轮作不仅能提高作物本身的抗逆能力，而且能够使潜藏在地里的病原物经过一定期限后大量减少或丧失侵染能力。

一般蔬菜轮作方式有两类：一是不同蔬菜之间轮作，根据病原物在土壤中存活的时间，确定种植同一种蔬菜所需间隔的时间；二是蔬菜与粮食等其他作物之间轮作，如蔬菜与水稻之间的水、旱轮作，效果就比较好。

（三）土壤深翻

在种植蔬菜的过程中，通过前茬作物收获后的深耕，可将土表的落叶、蔬菜病残体等埋藏到土壤深层腐烂，并同时将地下病原微生物、害虫等翻到地表中，使害虫受到天敌啄食、寒冷或高温等而导致死亡，从而可达到有效降低病虫害基数的目的。此外，深耕还有保证土壤疏松，增加根系微生物拮抗功能，促进蔬菜根系发育，提高植株可逆性的作用。

（四）培育无病虫壮苗

从无病菜地、无病植株上留种采种；选用无病种子；播种前采用温烫浸种、药剂拌种等方法进行种子处理，杀灭潜伏、依附于种子表面的病原菌；选用地势高、排水好、土质松、未种植蔬菜的田块作苗床，并对苗床进行消毒；施用充分腐熟的有机肥，防止病菌侵染；适时播种，并采用防虫网隔离育苗；做好苗期病虫预防，培育无病虫健壮秧苗。

（五）强化田间管理

根据土壤肥力特点，开展平衡施肥，优化配方施肥技术；以充分腐熟的有机肥作基肥，配施适量的氮磷钾肥和微量营养元素，前、中、后期肥料总量要控制在一定比例；看天、看地、看苗进行合理浇水，积极推广肥水一体化技术，防止大水漫灌，避免田间湿度偏大，导致病害流行。

（六）清洁环境

栽培过程中，要及时摘除病枝、残叶、病果、虫株残体，拔除中心病株。一茬蔬菜收获后，要及时清除废弃地膜、秸秆、病株、残叶，防止病菌依附在蔬菜作物残枝上散落田间，进入土壤后，成为后茬蔬菜的侵染源。对发病田块用过的农机具、工具、架材也要进行彻底消毒。

二、物理防治

（一）防虫网覆盖

防虫网是以优质聚乙烯为原料，经拉丝织造而成，形似窗纱，具有抗拉强度大、抗热、耐水、耐腐蚀、无毒、无味等优点，其防虫原理是采用以人工构建的隔离屏障，将害虫拒之于网外，达到防虫保菜之目的。另外，防虫网的反射、折射光对害虫也有一定的驱避作用。

在夏秋季蔬菜害虫旺发阶段，采用防虫网全程覆盖，能有效地隔离小菜蛾、斜纹夜蛾、甜菜夜蛾、菜青虫、黄曲条跳甲、猿叶甲、蚜虫等多种蔬菜害虫，可不用或少用农药，减少化学农药使用量。防虫网覆盖前须清理田间杂草，清除枯枝残叶，在播种或移栽前用药剂进行土壤处理，尽可能地减少地下害虫的发生，切断害虫的传播途径。整个生长期要将防虫网四周压实封严，防止害虫潜入产卵繁殖危害。大棚及小拱棚栽种蔬菜还要注意菜叶不能紧贴防虫网，避免网外害虫取食产卵于菜叶带来危害，同时还必须随时检查清除害虫在网上有无产卵，以免孵化后潜入网内危害。

(二)灯光诱杀

用白炽灯、黑光灯、高压汞灯等灯光诱杀有趋光性的农作物害虫,已有较长的历史。近年在国内推广应用的频振式杀虫灯又掀起灯光诱杀的新纪元。频振式杀虫灯利用了害虫较强的光、波、色、味的特性,将光波设在特定的范围内,近距离用光,远距离用波,加以色和味引诱成虫扑灯,灯外配以频振高压电网触杀,达到降低田间落卵量,压缩害虫基数之目的。试验研究表明,频振式杀虫灯对多种蔬菜害虫有很好的诱杀效果,涉及 17 科 30 多种,诱杀到的蔬菜害虫主要有斜纹夜蛾、甜菜夜蛾、银纹夜蛾、猿叶甲、黄曲条跳甲、象甲、金龟子、飞虱等。频振式杀虫灯对天敌也有一定的杀伤作用,如草蛉、瓢虫、隐翅虫、寄生蜂等,但诱杀到的天敌数量较少,显著低于高压汞灯、黑光灯。

目前,使用较普遍的频振式杀虫灯有佳多 PS－Ⅱ型,一般每 50 亩左右蔬菜田设置 1 盏杀虫灯,以单灯辐射半径 120m 来计算控制面积,将杀虫灯吊挂在固定物体上,高度应高于农作物,接虫口的对地距离以 1.3～1.5m 为宜。

(三)性信息素诱杀

性信息素是一种通过调节昆虫行为,定向诱杀害虫,具有防治对象专一,保护天敌,对人类无害的优点,能有效地降低虫口密度,减少农药使用量,节省防治成本。目前,生产大面积推广应用的有斜纹夜蛾、甜菜夜蛾、小菜蛾等 3 种性诱剂,通过几年来的应用表明,对害虫的种群动态、蛾量监测和种群数量控制成效显著,能明显减少田间施药次数。

在田间设置专用诱捕器,每亩 2 个,各诱捕器间隔 40m 左右,每个诱捕器放置性诱芯 1～2 枚(根),害虫专用诱捕器底部距离作物顶部 20cm 左右。现有的专用诱捕器为圆桶形,均需使用转换接口外接可乐瓶等作为贮虫设备,瓶中最好灌适量的肥皂水,定期检查诱蛾量并及时清洁。

（四）色板诱集

色板诱集是一种非化学防治措施，它利用害虫特殊的光谱反应原理和光色生态规律，从作物苗期和定植开始，在害虫可能暴发的时间持续不间断地诱杀害虫，既能及时监测田间害虫数量变动，又可避免和减少使用杀虫剂，对环境安全，并有利于害虫的天敌生长。

目前，广泛应用的有黄色粘虫板和蓝色粘虫板，将黄色粘虫板或蓝色粘虫板涂上机油（或凡士林等），置于高出植株30cm处，黄色粘虫板诱杀蚜虫、白粉虱、斑潜蝇、蓟马等“四小”害虫，蓝色粘虫板诱集棕榈蓟马。据研究，不同周长的黄色粘虫板对白粉虱和斑潜蝇的诱集量是有影响的，一般集中在粘虫板的边缘，板的中间较少，如同样面积，将粘虫板做成长条状，诱虫效果比方形更好。

（五）糖醋毒液诱蛾

利用害虫的趋化性，配制适合某些害虫口味的有毒诱液诱杀害虫。当前应用较广的为糖醋毒液，通常的配方比例为糖∶醋∶酒∶水＝3∶4∶1∶2，加入液量5％的90％晶体敌百虫。把盛有毒液的钵放在菜地里相对比较高的土堆上，每亩放糖醋液钵3只，白天盖好，晚上打开，诱杀小地老虎等害虫。

另外，利用指示植物诱虫产卵、人工灭杀，如芋艿是一代斜纹夜蛾最早、最喜欢产卵的作物，通过有目的地种植芋艿可诱集斜纹夜蛾产卵，然后采用人工方法摘除、灭杀卵块或幼虫群，降低下一代虫口密度。应用银灰色反光膜驱避蚜虫，减轻病毒病发生和传播。

上述物理控防技术虽然目前应用广泛，但其局限性在于往往不能单独地、彻底地完成目标害虫的控、灭要求，更多的时候需相互结合、同其他防治技术配套使用才能达到预期目的，例如性信息素在防虫网内使用，由于外来雄蛾不能飞入，偶然飞入的雄蛾全部被诱杀，效果就非常明显。在某个蔬菜害虫短期内大发生或特大发生时，就不得不借助化学防治技术。

三、生物防治

(一)保护和利用天敌

蔬菜害虫的天敌主要有瓢虫、草蛉、食蚜蝇、猎蝽、蜘蛛等捕食性天敌和赤眼蜂、丽蚜小蜂等寄生性天敌。瓢虫可防治蚜虫、红蜘蛛等害虫;草蛉可防治蚜虫、白粉虱、蓟马等害虫;丽蚜小蜂可防治小菜蛾等。生产上应因地制宜加以保护和利用。

(二)利用生物源、植物源农药

选用细菌杀虫剂如苏云金杆菌,真菌杀虫剂白僵菌,病毒杀虫剂如核型多角体病毒、质型多角体病毒、颗粒体病毒、NPV病毒等,农用抗菌素如阿维菌素(Abamectin)、依维菌素(Ivermectin)、农用链霉素、新植霉素,及苦参碱、印楝素、烟碱等植物源农药可有效防治蔬菜害虫,且对天敌的影响较少,有利于保护和利用天敌。

1. 植物源农药

主要有苦参碱、茴蒿素、印楝素、烟碱、鱼藤酮、藜芦碱、除虫菊素等。

2. 微生物农药

主要有细菌类如苏云金杆菌(Bt)、苏特灵、千胜等;真菌类如白僵菌、绿僵菌、虫霉等;病毒类如银纹夜蛾核多角体病毒如奥绿一号(NPV)、甜菜夜蛾核多角体病毒、小菜蛾颗粒体病毒、生物复合病毒杀虫剂等。

3. 抗生素类农药

主要有阿维菌素、甲氨基阿维菌素、菜喜(多杀霉素)、浏阳霉素等。

(三)利用生物制剂防治病害

目前,应用的生物制剂有井冈霉素、农抗120、春雷霉素、多抗霉素、宁南霉素、农用链霉素、中生霉素等。

四、化学防治

我国在农药生产使用领域先后颁布了国务院《农药管理条例》、农业部《农药管理条例实施细则》《农药合理使用准则》(GB

8321)、《农药安全使用规定》(GB 4285—89)以及农业部等五部委关于《蔬菜严禁使用高毒农药，确保人民食用安全的通知》等法规文件，明确规定在蔬菜上严禁使用高毒、高残留农药。国家禁止和限制使用的农药名单详见本书附录。生产者必须按照无公害的要求，选用高效低毒低残留农药进行科学合理的防治病虫害。

(一)选用高效低毒低残留化学农药

1. 昆虫生长调节剂

主要有定虫隆、氟虫脲、丁醚脲、虫酰肼、除虫脲、灭幼脲3号、灭蝇胺等。

2. 杀虫剂

主要有吡虫啉、吡虫清、除尽、辛硫磷、二嗪磷、氰戊菊酯、氯氰菊酯、溴氰菊酯、联苯菊酯、氟氯氰菊酯、三氟氯氰菊酯等。由于菊酯类农药在蔬菜上使用时期较长，有些害虫如小菜蛾等对氰戊菊酯、氯氰菊酯已产生抗药性，防效下降。含氟类菊酯的防治效果较好。

3. 杀螨剂

主要有哒螨灵、四螨嗪、唑螨酯、三唑锡、炔螨特、噻螨酮、苯丁锡、单甲脒、双甲脒等。

4. 杀菌剂

(1)无机杀菌剂。如氢氧化铜、氧化亚铜等。

(2)合成杀菌剂。如代森锌、代森锰锌、福美双、乙膦铝、多菌灵、甲基硫菌灵、噻菌灵、百菌清、三唑酮、烯唑醇、戊唑醇、已唑醇、腈菌唑、乙霉威·硫菌灵、腐霉利、异菌脲、霜霉威、烯酰吗啉·锰锌、霜脲氰·锰锌、盐酸吗啉胍、恶霉灵、噻菌铜、咪鲜胺、咪鲜胺锰盐、抑霉唑、氨基寡糖素、甲霜灵·锰锌等。

(二)科学施药

1. 掌握病虫发生规律，对症下药、适时用药

加强预测预报工作，及时掌握病虫的发生规律，达到防治指标时要适时用药防治。鳞翅目害虫以低龄若虫发生高峰期、病害以

发病初期防治效果较好。根据蔬菜不同病虫选择相应的农药品种,既要有效控制蔬菜有害生物的发生与危害在经济允许水平以下,又要考虑对天敌、环境、作物品质的影响,尽可能选择副作用小的农药品种。

2. 规范施药技术,安全用药

要严格掌握农药的使用浓度和剂量、使用次数,遵守农药的安全间隔期,严禁高毒、高残留农药在蔬菜上使用。根据不同病虫的发生规律,选用科学的施药方法,如防治地下害虫、苗期土传病害,可用相应的农药品种拌土撒施;叶片病虫害以喷雾法效果较好;保护地可采用烟熏法防治等。另外,要结合农药的特性,选择合理的施药时期、用药方法。如辛硫磷、阿维菌素等农药易引起光解,应选择傍晚或阴天施用。

3. 病虫害抗性的预防和治理

由于同一种农药品种长期多次使用、增量使用会导致抗药性产生,目前小菜蛾对菊酯类农药抗性倍数较高,防效较差。提倡不同类别、作用机制不同的农药交替、轮换使用,如杀虫剂中菊酯类、有机磷类、氨基甲酸酯类、有机氮类之间的轮换使用,杀菌剂中代森类、无机硫类、铜制剂等轮换使用,不易产生抗性。科学合理混用,采用作用方式不同和机制不同的药剂混用,也是延缓害虫产生抗性的最有效方法,对已产生抗药性的害虫治理应从药剂轮换、使用增效剂或停用该类药剂等措施。

第三节 主要病虫害为害特点及防治要点

一、主要病害及防治要点

(一)病毒病

大部分蔬菜都易感染病毒病。以榨菜、雪菜、高菜、包心芥菜等十字花科和辣椒等茄科蔬菜最易感病。

1. 为害症状

主要表现为植株变矮,叶片皱缩变硬,叶色褪淡,叶脉突起或透明等症状。如榨菜病毒病,初期病叶呈现为褪绿或半透明,后叶片呈浅绿相嵌或深绿花叶状,导致叶片皱缩面凹凸不平,叶片卷缩畸形或向一边扭曲。叶背先在叶脉上产生褐色坏死斑,其上出现横裂口;叶面出现坏死褐色小点,或条状裂口沿叶脉扩展,导致叶脉开裂。病株严重矮缩,心叶扭曲成一团,下部叶片变黄、枯死。

2. 防治要点

(1)选用抗(耐)病品种;适期播种,隔离育苗,加强田间管理;及时防治蚜虫、粉虱,减少传播源。

(2)药剂防治。在发病初期,可每亩用病毒抑制剂20%盐酸吗啉胍可湿性粉剂46.9~93.7g,或用1%香菇多糖水剂1.5~2.5g,或用20%吗胍·乙酸铜可湿性粉剂33.3~50g等药剂喷雾防治。每隔10天1次,连喷2~3次。

(二)软腐病

主要为害榨菜、雪菜、高菜、包心芥菜等十字花科蔬菜。

1. 为害症状

起初表现为外围叶片萎垂,早晚能恢复,严重时,叶柄基部和根基部心髓组织完全腐烂,充满黄色黏稠物,臭气四溢。如榨菜软腐病,多从茎基部、叶柄基部或其他伤口处侵染,形成水渍状不规则形病斑,迅速扩大并向各个方向发展蔓延,使病部软腐,释放出恶臭气味。

2. 防治要点

(1)深沟高畦栽培,合理密植;保持沟渠畅通,降低地下水位、田间湿度;发现病株及时拔除并撒施生石灰灭菌。

(2)药剂防治。在发病前或初期,每亩可用2%春雷霉素可湿性粉剂2~3g,或用100亿/g枯草芽孢杆菌可湿性粉剂50~60g,或用30%噻森铜悬浮剂30~40.5g等药剂喷雾防治,每隔7~10天1次,连续2~3次。

（三）菌核病

主要为害榨菜、雪菜等十字花科蔬菜和黄瓜等瓜类作物。

1. 为害症状

幼苗受害，茎基部呈水渍状腐烂，可引起猝倒。成株受害多在近地面的茎部、叶柄和叶片上发生水渍状淡褐色病斑，边缘不明显，常引起叶球或茎基部腐烂。茎秆上病斑初为浅褐色，后变成土白色，稍凹陷，最终导致组织腐朽、表皮易剥、茎内中空、碎裂成乱麻状。种荚受害也可产生黄白色病斑，严重者早期枯死、变干。在高湿条件下，茎秆、种荚和病叶表面密生白色棉絮状菌丝体和黑色鼠粪状菌核硬块，病斑发朽、变黏。重病株在茎秆和种荚内产生大量菌核。

2. 防治要点

（1）选用无病种子；清除混杂在种子上的菌核；合理密植，降低田间湿度等。

（2）药剂防治。在发病初期及时喷药防治，可每亩用40％菌核净可湿性粉剂40～60g，或用225g/L异菌脲悬浮剂40～50g等药剂喷雾防治，每隔7～10天1次，连续喷药2～3次。

（四）霜霉病

主要为害榨菜、雪菜、高菜、包心芥菜等十字花科蔬菜和黄瓜等瓜类蔬菜。

1. 为害症状

主要侵害植株叶片，植株茎、花梗也能受害，从苗期至收获期均可被感染发病。如黄瓜霜霉病，叶片受病，初期在叶片背面产生一至数个呈水渍状淡黄色小斑点，无明显边缘，随着病斑的扩大，因受叶脉限制形成多角形淡褐色病斑。潮湿时，叶背病斑长出白色或灰白色霉层。严重时叶片迅速干枯脆裂并成片死亡。通常先从基部老叶发病，以后逐渐向上叶片蔓延。发病严重时病斑连成片，病叶呈火烧状。如不及时防治，会导致植株早衰，严重影响产量。

2. 防治要点

(1)选用抗病品种,合理轮作,深沟高畦,合理密植。

(2)药剂防治。可在发病前或发病初期,每亩用58%甲霜·锰锌水分散粒剂87～104.4g,或72%霜脲·锰锌可湿性粉剂96～120g,或25%嘧菌酯悬浮剂8～12g等药剂喷雾防治,每7～10天喷1次,连续喷2～3次。

(五)灰霉病

主要侵害黄瓜、辣(甜)椒的花、果实、叶、茎。苗期与结果期均可受害。

1. 为害症状

辣椒灰霉病,主要为害叶片、茎、花和果实。幼苗感病,子叶尖端枯死,后扩展到幼茎,幼茎缢缩变细,易自病部折断枯死。叶片感病,高湿时,叶面产生大量灰白色霉层(即病菌的分生孢子梗及分生孢子),发病末期可使整叶腐烂而死亡。茎秆染病,先产生水渍状小斑,扩展后成椭圆形或不规则形,病部淡褐色,表面着生灰白色霉层。发病严重时,病斑可绕茎1周,引起病部以上的茎叶萎蔫枯死。花染病,初期花瓣呈水浸状,后花瓣呈褐色;田间湿度高时,病部密生灰白色霉层,花瓣易脱落。果实得病,幼果果蒂周围局部先产生水浸状褐色病斑,扩大后呈褐色,凹陷腐烂,表面产生不规则轮纹状灰色霉状物。

黄瓜灰霉病多从开败的雌花开始侵入,初始在花蒂产生水渍状病斑,逐渐长出灰褐色霉层,引起花器变软、萎缩和腐烂,并逐步向幼瓜扩展。瓜条染病,先发黄,后期产生白霉并逐渐变为淡灰色,导致瓜条生长停止,变软、腐烂和萎缩,最后腐烂脱落。叶片染病,病斑初为水渍状,后变为不规则形的淡褐色病斑,边缘明显,有时病斑长出少量灰褐色霉层。茎蔓染病后,茎部腐烂、瓜蔓折断,引起烂秧。

2. 防治要点

(1)采用合理轮作、深沟高畦、地膜覆盖栽培等措施,并及时疏通沟渠，降低地下水位，减小植株间空气湿度。及时摘除病果、病叶和病花，防止病菌再次侵染。

(2)药剂防治。一般在发病初期防治，药剂可选用50%腐霉利可湿性粉剂35～50g，或亩用26%嘧胺·乙霉威水分散粒剂26～39g，或用40%嘧霉胺悬浮剂31～38g，或用21%过氧乙酸水剂29.4～49g等药剂喷雾防治。每隔7～10天1次，连续防治2～3次，具体视病情发展而定。

(六)炭疽病

主要为害辣椒等茄果类蔬菜和黄瓜等瓜类蔬菜。梅雨期间高温多雨、夏季多雷阵雨天气的年份发病重。

1. 为害症状

辣椒炭疽病，主要为害果实，也能为害叶片和果梗。叶片染病，初为褪绿色水浸状斑点，逐渐变为褐色，中间淡灰色，病斑上轮生小黑点(即病菌的分生孢子盘)。果柄染病，产生不规则的褐色凹陷斑，干燥时易破裂。果实被害，初现水浸状黄褐色圆斑或不规则斑，表面有隆起的同心轮纹，并着生有许多黑色小点，潮湿时病斑表面溢出红色黏性物质。果实上的病斑干缩呈膜状，有的破裂。

黄瓜炭疽病，整个生长期都能发生，以结果期危害较重。幼苗期子叶边缘出现褐色半圆形或圆形病斑，稍凹陷，边缘明显，病部粗糙。成株期叶部病斑近圆形，大小不等，初为水浸状，很快干枯呈红褐，边缘有黄色晕圈，病斑上轮生小黑点，潮湿时病斑上产生粉红色黏稠状物，干燥时病斑常穿孔，茎被害常呈稍凹陷的灰白色至深褐色长圆形斑。果实上呈稍凹陷的褐色圆形斑，后期开裂，瓜条从病部弯曲或畸形，潮湿时病斑上产生粉红色黏稠状物。

2. 防治要点

(1)选用抗病品种，播种前进行种子处理；合理轮作，选择土质疏松、易排水的高燥田块种植；深沟高畦，增施磷、钾肥料；及时清除病株、病叶。

(2)药剂防治。在发病初期或具备发病气候开始时，每亩可用

50%咪鲜胺锰盐可湿性粉剂25.3～33.3g,或用70%咪鲜·丙森锌可湿性粉剂63～84g,或用10%苯醚甲环唑悬浮剂5～7.5g等药剂喷施预防和控制。每隔7天左右1次,连续防治2～3次。喷药时不仅要重点喷施底部叶片,还要注意喷施地面。

(七)疫病

主要为害黄瓜等瓜类蔬菜和辣椒等茄果类蔬菜。

1. 为害症状

辣椒疫病主要为害茎、叶片和果实,苗期、成株期均可发生。苗期发病,主要为害根茎,使根茎组织腐烂、病部缢缩,幼苗倒伏,引起湿腐,枯萎死亡。叶片染病,多从叶缘开始侵染,病斑较大,近圆形或不定形,初始呈水渍状,边缘黄绿色或暗绿色,重时暗褐色,迅速扩大使叶片部分或大部分软腐、枯死,干燥后病斑变成淡褐色,叶片脱落。茎秆染病,初为水渍状条形斑,后迅速环绕表皮扩展,形成褐色或黑褐色不规则条斑,皮层软化腐烂,病部以上枝叶迅速凋萎,而且易从病部折断。果实染病,始于蒂部,先出现水浸状斑点,暗绿色,后病斑扩展,果皮变褐软腐,果实多脱落或失水变成僵果,残留在枝上。

黄瓜整个生长期都能发病。叶片染病,初现暗绿色水浸状斑点,并扩展为边缘不明显的圆形或不规则形大斑,病斑边缘黄褐色,中间灰白色,先湿腐后质薄易脆,病叶边缘不卷起;茎基部染病呈水渍状湿腐,后病部缢缩,植株成青枯状,但不倒伏;瓜条发病呈暗绿色水浸状凹陷斑,高湿条件下瓜条迅速皱缩腐烂,并发出浓烈的腥臭味,同时有茸毛状白霉产生。

2. 防治要点

(1)选用抗(耐)病品种。与非茄科、葫芦科蔬菜轮作3年以上,最好采用水旱轮作。合理密植,深沟高畦,沟渠畅通,发现病株及时拔除、销毁。

(2)药剂防治。在发病初期,可亩用18.7%烯酰·吡唑酯水分散粒剂14～23.3g,或用60%唑醚·代森联水分散粒剂36～

60g 等药剂喷雾防治，以上农药交替使用，每 7～10 天 1 次，连续 2～3 次。

（八）白粉病

白粉病主要为害黄瓜、瓠瓜、西葫芦等瓜类蔬菜。

1. 为害症状

黄瓜白粉病，苗期至成株期均可染病，主要为害叶片，叶柄和茎蔓次之，一般不侵染瓜条。发病初期，叶片上出现白色近圆形的小粉斑，以后逐渐扩大为不规则、边缘不明显的白粉状霉斑。随着病情发展，病斑连接成片，受害部位表现褪绿和变黄，发病后期病斑上产生许多黑褐色的小黑点。最后白色粉状霉层老熟，变成灰白色。发病严重时，病叶组织变为黄褐色而枯死。

2. 防治要点

（1）选用抗病耐病品种。加强田间管理，及时通风、降湿，增施磷钾肥。

（2）药剂防治。一般在发病初期，每亩用 250g/L 嘧菌酯悬浮剂 15～22.5g，或用 10％苯醚甲环唑可湿性粉剂 5.0～8.3g 等药剂喷雾防治。每隔 7～10 天喷 1 次，连续 2～3 次。

（九）黑斑病

榨菜黑斑病是榨菜生产上的主要病害之一，主要为害叶片，茎、叶柄、花梗和种荚也能受害。

1. 为害症状

叶片染病多从外叶开始，初为水渍状小点，以后逐渐扩大，发展成褐色至黑色斑点；在潮湿气候条件下病斑较大。叶片上病斑圆形，具不明显同心轮纹，病斑周围出现黄色晕圈；空气潮湿时，病斑上长出灰黑色霉状物。病害严重时，病斑密布全叶，使叶片枯黄致死。

2. 防治要点

（1）注意与非十字花科蔬菜轮作，以减少田间病原菌。及时摘除病、老叶，保持田园清洁。

(2)药剂防治。在发病初期,可亩用10%苯醚甲环唑水分散粒剂2～3g,或用43%戊唑醇悬浮剂7～8g,或用68.75%噁酮·锰锌水分散粒剂31～52g等药剂喷雾防治,间隔7～10天1次,连续2～3次。

(十)白锈病

主要为害榨菜、雪菜、高菜、包心芥菜等十字花科蔬菜。

1. 为害症状

病菌主要为害叶片,也可为害留种株的花梗和花器。叶片受害时,初期在叶面产生淡绿色小斑点,后病斑变黄,边缘不明显,在其相应叶片背面长出稍隆起、外表有光泽的白色脓疮状斑点,成熟后表皮破裂,散出白色粉末状物,即病菌孢子囊。病斑多时,病叶黄枯。

2. 防治要点

(1)与非十字花科蔬菜进行隔年轮作。收获后及时清除田间病残体。加强田间管理,开好横直沟,降低地下水位和田间湿度。

(2)药剂防治。在发病初期喷药保护,可每亩80%戊唑醇可湿性粉剂5～8g,或用30%醚菌酯悬浮剂15～21g等药剂喷雾防治,每隔10天1次,连续防治2～3次。

二、主要虫害及防治

(一)蚜虫

蚜虫是滨海区域特色蔬菜最主要的害虫。秋冬季为害蔬菜作物的蚜虫主要以菜缢管蚜为主,春季及夏季为害蔬菜作物以桃蚜及瓜蚜为主。

1. 为害特点

以成虫或若虫在叶背或嫩茎上吸食作物汁液,幼苗嫩叶及生长点被害后,叶片卷缩,幼苗萎蔫甚至死亡,老叶受害,提前脱落,结果期缩短,造成减产。

2. 发生规律

蚜虫在浙江1年可繁殖20～30代,且繁殖能力强,世代重叠,全年有春秋两个迁飞和为害高峰，即4—6月和9—11月；一生可分为有翅和无翅两种形态，而生殖又可分为卵生和孤雌胎生两种方式来繁殖。当食物或气候对其生存条件不利时，其后代即可产生有翅蚜，迁飞到食物丰富的场所，其后代又变为无翅蚜。无翅蚜活动范围小，但繁殖能力强、发生世代多。每1对无翅成蚜，每天可直接胎生6～8头。同时蚜虫又是病毒的传播者，每当蚜虫盛发，病毒病往往同时流行。

3. 防治要点

除采用黄色粘虫板诱杀、覆盖银灰色地膜等措施外，可选择内吸性好、兼备触杀和熏蒸作用的药剂轮换使用。如每亩用10%烯啶虫胺水剂1～2g，或用70%吡虫啉水分散粒剂0.7～2.1g，或用20%啶虫脒可湿性粉剂10～13.3g等药剂喷雾防治，每隔5～7天1次，连续2～3次。喷施时应注意使喷嘴对准叶背，将药剂尽可能喷到叶背上。注意田间观察，及时发现，力争在发生高峰前防治。

(二)红蜘蛛

主要为害黄瓜等瓜类蔬菜和辣椒等茄果类蔬菜。

1. 为害特点

红蜘蛛是一种体态极小的害虫，常群集在叶背刺吸汁液，受害叶片初期呈白色小斑点，而后叶色褪绿变成黄白色。田间常呈点、片发生，在植株上往往都是由下向上发展，严重时全田受害，叶片蜷缩成火烧状，最后叶片脱落、果实干瘪、植株枯死。

2. 发生规律

浙江各地1年发生20代以上，且世代重叠，冬季在大棚设施栽培内可在大棚内继续繁殖为害。或在露天栽培的蔬菜或杂草上过冬，翌年春先在过冬蔬菜或杂草上繁殖为害后，再转移到茄子、辣椒、毛豆、瓜类等蔬菜作物上为害。红蜘蛛的为害程度同气候直接有关，气温28℃以上，相对湿度在75%以下时，对它繁殖最为有利。久旱不雨，常能诱发红蜘蛛的大发生，且能缩短生育期。

3. 防治要点

除采用清除田间残株落叶及杂草、培育无虫苗等措施外，应加强虫情检查，当点片发生时即须进行挑治，每亩可用0.5%藜芦碱可溶液剂0.6～0.7g，或20%达螨灵可湿性粉剂3.3～4.5g等药剂喷雾防治。

(三)烟粉虱

主要为害甘蓝、番茄、黄瓜、辣椒等蔬菜。

1. 为害特点

烟粉虱对不同的植物表现出不同的为害症状，叶菜类如甘蓝、花椰菜受害叶片萎缩、黄化、枯萎；根菜类如萝卜受害表现为颜色白化、无味、重量减轻；果菜类如番茄受害，果实不均匀成熟。

2. 发生规律

烟粉虱的生活周期有卵、若虫和成虫3个虫态，一年发生的世代数因地而异，在热带和亚热带地区每年发生11～15代，在温带地区露地每年可发生4～6代。田间发生世代重叠极为严重。在25℃下，从卵发育到成虫需要18～30天，其历期取决于取食的植物种类。据在棉花上饲养试验，在平均温度为21℃时，卵期6～7天，1龄若虫3～4天，2龄若虫2～3天，3龄若虫2～5天，平均3.3天，4龄若虫7～8天，平均8.5天。这一阶段有效积温为300℃。成虫寿命2～5天。

3. 防治要点

(1)培育无虫苗；保护瓢虫、草蛉、花蝽等天敌，人工繁殖释放丽蚜小蜂；利用黄色粘虫板诱杀成虫。

(2)药剂防治。每亩可用10%溴氰虫酰胺可分散油悬浮剂3.3～4g，或用5%高氯·啶虫脒可湿性粉剂1.25～2g，或用50%氟啶虫胺腈水分散粒剂5～6.5g等药剂喷雾防治，3～10天喷1次，连续2～3次，可取得较好防效。由于烟粉虱繁殖迅速易于传播，在一个地区范围内的生产单位应注意联防联治，以提高总体防治效果。

（四）美洲斑潜蝇

别名蔬菜斑潜蝇，为害植物种类较多，蔬菜上主要为害瓜类、豆类、茄果类等多种蔬菜。

1. 为害特点

成虫和幼虫均可为害植物。雌虫以产卵器刺伤寄主叶片，形成小白点，并在其中取食汁液和产卵。幼虫蛀食叶肉组织，形成带湿黑和干褐区域的蛇形白色斑；成虫产卵取食也造成伤斑。受害重的叶片表面布满白色的蛇形潜道及刻点，严重影响植株的发育和生长。

2. 发生规律

一年可发生10～12代，具有暴发性。以蛹在寄主植物下部的表土中越冬。一年中有2个高峰，分别为6—7月和9—10月。美洲斑潜蝇适应性强，寄主范围广，繁殖能力强，世代短，成虫具有趋光、趋绿、趋黄、趋蜜等特点。每年4月气温稳定在15℃左右时，露地可出现美洲斑潜蝇被害状。成虫以产卵器刺伤叶片，吸食汁液。雌虫把卵产在部分伤孔表皮下，卵经2～5天孵化，幼虫期4～7天。末龄幼虫咬破叶表皮在叶外或土表下化蛹，蛹经7～14天羽化为成虫。每世代夏季2～4周，冬季6～8周。

3. 防治要点

（1）土壤翻耕。充分利用土壤翻耕及春季菜地地膜覆盖技术，减少和消灭越冬和其他时期落入土中的蛹。

（2）清洁田园。前茬收获完毕后，及时彻底清除田间植株残体和杂草。作物生长期尽可能摘除下部虫道较多且功能丧失的老叶片。

（3）利用美洲斑潜蝇成虫的趋黄性，可采用在田间插黄色粘虫板进行诱杀。

（4）发现受害叶片随时摘除，集中沤肥或掩埋。

（5）药剂防治。掌握在幼虫2龄前，于上午8:00—11:00露水干后幼虫开始到叶面活动时防治。每亩可用80%灭蝇胺可湿性粉剂12～15g,或用1.8%阿维菌素乳油0.18～0.36g等药剂喷雾防治。也可在成虫羽化高峰,施用20%阿维杀虫单乳油6～12g等药剂喷雾防治。每隔7～10天1次,连续2～3次,注意药剂交替使用。

(五)小地老虎

小地老虎属鳞翅目夜蛾科,俗名地蚕、切根虫,是一种多食性地下害虫。主要为害各类蔬菜幼苗。

1. 为害特点

低龄幼虫咬食心叶及嫩茎,形成小缺口,较大的幼虫咬断近地面的嫩茎,并常拖入洞中,造成田间缺株断行。

2. 发生规律

喜温暖气候,生长适温13～25℃,年发生4代,以蛹或老熟幼虫在土中越冬。成虫白天隐蔽,夜间活动,尤以黄昏后活动最为旺盛,对甜、酸及黑光灯趋性较强。卵多散产在靠地面的茎叶上,幼虫共6龄,行动敏捷,有假死和迁移为害习性。全年以4—5月第一代幼虫发生盛期为害最重。

3. 防治要点

生产上除抓好田园杂草清除、糖醋或毒饵诱杀等措施的同时,可每亩用10%高效氯氟氰菊酯乳油0.5～0.8g,或200g/L氯虫苯甲酰胺1.3～2g等药剂防治。施药选择在傍晚进行,以提高防治效果。

(六)小菜蛾

主要为害榨菜、雪菜、高菜、包心芥菜、黄瓜、辣椒等蔬菜作物。

1. 为害特点

小菜蛾以幼虫为害。初孵幼虫潜食叶肉和下表皮,3～4龄将叶咬食成为洞孔、缺刻,严重时叶片被食成网状。尤其喜欢在幼苗心叶上为害,还能为害留种株的嫩叶、茎和荚。

2. 发生规律

浙江各地发生9～14代,没有明显的越冬现象。冬季各种虫态都能发现，但以幼虫居多。成虫昼伏夜出，有趋光性，卵多产在叶背近叶脉处。幼虫有吐丝习性，受惊时激烈扭动倒退，吐丝下垂，老熟后多在叶背或杂草堆结茧化蛹。春秋两季危害最重。

3. 防治要点

及时清除田间杂草、残株，采用频振式杀虫灯、性信息素诱捕成虫等农业防治、生物物理防治的同时，每亩可用18g/L阿维菌素乳油0.6～0.9g，或用16 000IU/mg苏云金杆菌可湿性粉剂50～75g等药剂喷雾防治。

(七)斜纹夜蛾

对榨菜、雪菜、高菜、包心芥菜、黄瓜、辣椒等蔬菜作物为害严重。

1. 为害特点

幼虫食叶、花蕾、花及果实，严重时出现全田作物被吃光的现象。在甘蓝、白菜上可蛀入叶球、心叶，并排泄粪便，造成污染和腐烂，使之失去商品价值。对十字花科蔬菜，则多钻入蔬菜嫩心中取食，造成其无法生长。

2. 发生规律

浙江各地发生6代，5月初出现越冬代成虫，以后隔30天左右发生一代。该虫发育适温为29～30℃，所以每年的7—9月为大发生期，蛾量占全年总蛾量的60%～70%。成虫昼伏夜出，喜食香甜物质，趋光，喜产卵于高大、茂密、浓绿的边际植物的叶背和叶脉分叉处；初孵幼虫群集为害，食性杂，3龄前取食叶肉，4龄以后分散为害并进入暴食期，日伏夜出。幼虫有假死性，老熟幼虫入土化蛹。

3. 防治要点

除采用清除杂草，摘除卵块，振频式杀虫灯、性诱剂诱杀等措施外，在药剂防治上，可每亩用5%氯虫苯甲酰胺乳油30～55ml，或150g/L茚虫威水分散粒剂10～18ml，或用5.7%甲氨基阿维菌素苯甲酸盐水分散粒剂15～25g，或用60g/L乙基多杀菌素悬浮剂20～40ml等药剂喷雾防治。宜在幼虫低龄期傍晚进行，扑灭在暴食期之前。

(八)甜菜夜蛾

甜菜夜蛾俗名厚皮青虫，对榨菜、雪菜、高菜、包心芥菜、黄瓜、辣椒等蔬菜作物为害严重。

1. 为害特点

初龄幼虫在叶背群集吐丝结网，食量小，4龄后，分散为害，食量大增，昼伏夜出，在阴雨天气时，也能发现少量害虫出来取食。为害叶片成孔缺刻，严重时，可吃光叶肉，仅留叶脉，甚至剥食茎秆皮层。幼虫可成群迁移，稍受震扰吐丝落地，有假死性。

2. 发生规律

浙江各地，1年发生5代，世代重叠。该虫是一种间歇性大发生为害的害虫，每年的8—9月是该虫的为害高峰期。该虫发育适宜温度为20～30℃，相对湿度80％～90％，成虫昼伏夜出，趋光性强而趋化性弱，并有多次产卵的习性，每头雌蛾产卵100～600粒；多产卵于叶背，呈块状，卵期2～6天。幼虫5～6龄，3龄前群集为害，4龄以后分散取食，食量大增，昼伏夜出，有假死性。幼虫期11～39天，老熟幼虫入土筑土室化蛹，蛹期7～11天。

3. 防治要点

同斜纹夜蛾。

(九)菜粉蝶

菜粉蝶又称菜白蝶、白蝴蝶；幼虫俗名青虫、菜青虫。主要为害榨菜、雪菜等十字花科蔬菜。

1. 为害特点

幼虫咬食叶片成孔洞或缺刻，严重时全叶吃光，仅留叶柄，幼虫为害造成的伤口又易诱发软腐病，因此对蔬菜的产量与质量影响很大。

2. 发生规律

一年发生8～9代，11月开始，以蛹在秋冬为害地附近的屋墙、树干或杂草堆或冬季蔬菜中越冬。第一代成虫3月中旬开始发生，卵单生，多产生在叶背，每头雌蛾可产卵100～200粒。幼虫共五龄，3龄前食量较小、抗药性差。此虫喜温暖天气，1年中从3—12月都能为害。

3. 防治要点

同斜纹夜蛾。

(十)蜗牛

对榨菜、雪菜、高菜、包心芥菜、黄瓜、辣椒蔬菜作物为害严重。

1. 为害特点

主要为害嫩芽、叶片和嫩茎严重时叶片被吃光，茎被咬断，造成缺株断行。

2. 发生规律

每年发生1～1.5代，以成螺或幼螺在植株根部或草堆、石块、松土下越冬。次年3—4月开始活动，转入菜田，为害幼芽、叶及嫩茎。10月转入越冬状态。

3. 防治要点

除采用清洁田园，及时中耕深翻，清晨、阴天或雨后人工捕捉等措施外，在药剂防治上，当密度达3～5头/平方米时，每亩可用10%四聚乙醛颗粒剂30～36g进行防治，条施或点施于根际土表。

第十章　滨海特色蔬菜加工技术

第一节　基本概念

一、腌制与腌制品

以蔬菜为原料，利用食盐渗入蔬菜组织内部，以降低其水分活度，提高其渗透压，并有选择地控制微生物的发酵和添加各种配料，达到抑制腐败菌的生长，增强保藏性能，保持其食用品质目的的保藏方法，称为蔬菜腌制。其制品则称为蔬菜腌制品，或称之为酱腌菜或腌菜(Pickled vegetables)。

二、蔬菜腌制品的分类

蔬菜盐渍腌制品因蔬菜品种的不同，加工方法各异。根据所用原料、盐渍过程、发酵程度和成品状态的不同，可以分为发酵型和非发酵型两大类型。

(一)发酵性蔬菜腌制品

发酵性腌制品的特点是盐渍时食盐用量较低，在盐渍过程中有显著的乳酸发酵现象，利用发酵所产生的乳酸、添加的食盐和辛香料等的综合防腐作用，来保藏蔬菜并增进其风味。这类产品一般都具有较明显的酸味。根据盐渍方法和成品状态不同，发酵性蔬菜盐渍腌制品又分为下列两种类型。

1. 湿态发酵盐渍腌制品

此类盐渍品是用低浓度的食盐溶液，通过浸泡蔬菜或用清水发酵白菜所制成，盐渍品带酸味，如泡菜、酸白菜等。

2. 半干态发酵盐渍腌制品

此类盐渍腌制品是先将菜体经风干或人工脱去部分水分，然后再进行盐腌，让其自然发酵后熟而成，如半干态发酵酸菜等。

（二）非发酵性蔬菜盐渍腌制品

非发酵性盐渍腌制品的特点是盐渍时食盐用量较高。盐渍品在高浓度的食盐、食糖及在腌制期间加入的辛香料（或其他调味品）的综合作用下，乳酸发酵全部受到抑制或只能极轻微进行，最终达到防腐保藏、增进风味的目的。非发酵性蔬菜盐渍品依其所含配料、水分多少和风味不同又分为下列三种类型。

1. 咸菜类

咸菜类盐渍腌制品是一种腌制方法比较简单，大众化的蔬菜盐渍腌制产品，如咸大头菜、腌雪里蕻、榨菜等。咸菜类盐渍品是依靠较高浓度的盐液同时配以调味品和各种辛香料，密封、压榨、浸渍而成。腌制过程中有时也伴随轻微发酵，制品风味好，鲜美可口。

2. 酱菜类

酱菜类盐渍腌制品是将经过盐腌的半成品咸菜浸入酱内酱渍而成，如酱乳黄瓜、酱萝卜干、什锦酱菜等。半成品咸菜胚在酱渍过程中吸附了酱体浓厚的鲜美滋味和特有色泽及酱体内大量的营养物质，所制成品鲜、香、甜、脆。

3. 糖醋菜类

糖醋菜类盐渍腌制品是将经盐腌后的半成品咸菜，再放入糖醋香液中浸渍而成。利用糖、醋的防腐作用可以增强保藏效果且口味极佳、酸甜可口。此类制品很多，如糖醋大蒜、糖醋荞头等。

第二节　蔬菜腌制原理

蔬菜腌制的原理主要是利用食盐的防腐保藏作用、微生物的发酵作用，蛋白质的分解作用以及其他生物化学作用，从而达到抑制有害微生物质活动，增加产品的色、香、味的目的。

一、食盐的防腐保藏作用

1. 脱水

蔬菜在腌制过程中，都要加入一定量的食盐，高浓度的食盐水溶液具有很高的渗透压力，能抑制一些有害微生物的活动。据测试：一般微生物细胞液的渗透压力在0.35～1.7兆帕。1%浓度食盐溶液就可产生0.62兆帕的渗透压力，当食盐溶液的渗透压力大于细胞液的渗透压力时，细胞内的水分就会向外流出，而使细胞脱水，导致微生物细胞发生质壁分离，迫使其生理代谢活动处于假死或休眠状态，使之停止生长或死亡。

腌制榨菜、雪菜、高菜、包心芥菜等时，食盐浓度冬菜一般在6%左右，春菜在8%～10%，由此可产生3.7～6.18兆帕的渗透压力。不同微生物对食盐溶液的忍受程度不尽相同，详见表10-1所述。

表10-1 不同微生物对食盐溶液的忍受程度

微生物种类	食盐浓度(%)
大肠杆菌	6
肉毒杆菌	6
丁酸菌	8
腐败菌	10
乳酸杆菌	12
霉菌	20
酵母菌	25

2. 抗氧化作用

盐腌会使蔬菜组织中的水分渗透出来，并使组织内部的溶解氧排出，从而形成缺氧环境，使好氧性微生物活动受到抑制。

3. 降低水分活性作用

食盐溶解后离解，在离解后的离子周围聚集水分子，形成水合离子。从而就相应地减少了溶液中的自由水分，微生物在饱和食盐溶液中由于得不到自由水分就不能正常生长并导致死亡。

4. 毒性作用

微生物对钠很敏感。Winslow 和 Falk 研究发现，少量 Na^+ 对微生物有刺激生长的作用，但当达足够高的浓度时，就会产生抑制作用。其机理主要表现为 Na^+ 能和细胞原生质中的阴离子结合，从而对微生物产生毒害作用。同时，NaCl 离解时放出的 Cl^- 也会与细胞原生质结合，促使细胞死亡。

5. 对酶活力的影响

微生物分泌出来的酶常在低浓度盐液中就遭到破坏，盐液浓度仅为 3%时，变形菌(Proteus)就会失去分解血清的能力。斯莫罗金茨研究认为盐分和酶蛋白分子中肽键结合，是微生物蛋白质分解酶分解蛋白质能力受到破坏的原因。

二、微生物的发酵作用

(一)正常的发酵作用

在蔬菜腌制过程中，正常的发酵作用不但能抑制有关微生物的活动而起到防腐保藏作用，还能使制品产生酸味和香味。这类发酵作用以乳酸发酵为主，辅之轻度的酒精发酵和极轻微的醋酸发酵。各种盐渍腌制品在腌制过程中的发酵作用都是借助于分布在空气中、蔬菜表面、加工用水中及容器用具表面的各种微生物来进行的。

1. 乳酸发酵

乳酸发酵是指乳酸菌将糖类物质转化成主产物为乳酸的生化过程。任何蔬菜腌制品在腌制过程中都存在乳酸发酵作用，只不过强弱之分而已。如泡酸菜中乳酸发酵较强，而榨菜或酱菜中乳酸发酵则较弱。

(1)乳酸菌类群。从应用科学角度讲，凡是能产生乳酸的微生物都可称为乳酸菌。其种类繁多，形状多为杆状、球状，属兼性或厌氧性，在 10～45℃ 内能生长，最适温度 25～32℃。杨瑞鹏

(1985)在泡酸菜中曾系统分离鉴定出1 486个菌株,其中起主导作用的有4种乳酸菌:肠膜明串珠菌(*Leuconostoc mesenteroides*)、植物乳杆菌(*Lact. plantarum*)、小片球菌(*Pediococcus parvulus*)、短乳杆菌(*Lact. brevis*)。该4种乳酸菌在不同蔬菜原料,不同发酵阶段,其消长情况是不相同的。

(2)乳酸发酵类型。乳酸菌将蔬菜中的糖分,主要是六碳糖或双糖甚至五碳糖酵解成乳酸及其他产物。不同的乳酸菌发酵产物亦异,根据发酵产物不同可分为正型乳酸发酵和异型乳酸发酵两种。

【同型乳酸发酵】这种乳酸发酵只生成乳酸,而且产量很高,可达1.4%~2.0%。

参与同型乳酸发酵的主要有植物乳杆菌与小片球菌。它们除对葡萄糖能发酵外,还能将蔗糖等水解成葡萄糖后发酵生成乳酸。

【异型乳酸发酵】这种乳酸发酵发酵的产物,除生成乳酸外,还有其他产物(如乙醇、醋酸)及气体(CO_2)放出。如肠膜明串珠菌将葡萄糖、蔗糖等发酵生成乳酸外,还生成乙醇及二氧化碳。

参与异型乳酸发酵的主要有肠膜明串珠菌和短乳杆菌两种。

肠膜明串珠菌菌落黏滑,灰白色,常出现在发酵初期,其产酸量低,不耐酸。黏附于蔬菜表面,可引起蔬菜组织变软而影响品质。

短乳杆菌除将葡萄糖发酵生成乳酸外,还生成醋酸、二氧化碳和甘露醇。

在蔬菜乳酸发酵初期,大肠杆菌也常参与活动,将葡萄糖发酵产生乳酸、醋酸、琥珀酸、乙醇、二氧化碳与氢等产物,亦属异型乳酸发酵。蔬菜腌制的发酵初期,以异型发酵为主;发酵中后期以同型发酵为主。

异型乳酸发酵多在泡酸菜乳酸发酵初期活跃,可利用其抑制其他杂菌的繁殖;虽产酸不高,但其产物乙醇、醋酸等微量生成,对腌制品的风味有增进作用;产生二氧化碳放出,同时将蔬菜组织和水中的溶解氧带出，造成缺氧条件，促进同型乳酸发酵菌活跃。

2. 酒精发酵

在蔬菜腌制过程中也存在着微弱的酒精发酵，酒精发酵的总量一般只有0.5%～0.7%，对乳酸发酵并无影响。酒精发酵通过酵母菌将蔬菜中的糖分解生成酒精和二氧化碳。

酒精发酵除生成酒精外，还能生成异丁醇和戊醇等高级醇。另外，腌制初期发生的异型乳酸发酵、蔬菜在被卤水淹没时所引起的无氧呼吸都可产生微量的乙醇或高级醇。“醇”对腌制品在后熟期中发生酯化反应，生成芳香物质，改善品质有重要作用。

3. 醋酸发酵作用

蔬菜腌制过程中，也伴有微弱的醋酸发酵，会产生微量的醋酸。极少量的醋酸不但无损于腌制品的品质，反而有利，只有含量过多时才影响成品的品质。

醋酸发酵是好气性醋酸菌活动的结果。醋酸菌所分泌的氧化酶，可将乙醇氧化成为醋酸。醋酸菌为好气性细菌，仅在有空气存在的条件下才可能使乙醇氧化成醋酸，因此，盐渍品要及时装坛封口，隔绝空气，避免产生过多的醋酸而影响制品品质。

（二）有害的发酵及腐败作用

在蔬菜腌制过程中有时会出现变味发臭，长膜生花，起漩生霉，甚至腐败变质，不堪食用的现象，这主要是由于下列有害发酵及腐败作用所致。

1. 丁酸发酵

由丁酸菌（*Bact. amylobacter*）引起，该菌为嫌气性细菌，寄居于空气不流通的污水沟及腐败原料中，可将糖、乳酸发酵生成丁酸、二氧化碳和氢气，使制品产生强烈的不愉快气味。

2. 细菌的腐败作用

腐败菌分解原料中的蛋白质，产生吲哚、甲基吲哚、硫化氢和胺等恶臭气味的有害物质，有时还产生毒素，不可食用。

3. 有害酵母的作用

有害酵母常在泡酸菜或盐水表面长膜、生花。表面上长一层灰白色、有皱纹的膜,沿器壁向上蔓延的称长膜;而在表面上生长出乳白光滑的"花",不聚合,不沿器壁上升,振动搅拌就分散的称生花。它们都是由好气性的产膜酵母繁殖所引起,以糖、乙醇、乳酸、醋酸等为碳源,分解生成二氧化碳和水,使制品酸度降低,品质下降。

4. 起漩生霉

蔬菜腌盐渍制品若暴露在空气中,因吸水而使表面盐度降低,水分活性增大,就会受到各种霉菌危害,产品就会起漩、生霉。导致起漩生霉的多为好气性的霉菌,它们在腌制品表面生长,耐盐能力强,能分解糖、乳酸,使产品品质下降。还能分泌果胶酶,使产品组织变软,失去脆性,甚至发软腐烂。

三、蛋白质的分解作用

榨菜、雪菜、高菜等在腌制和后熟过程中,本身的生物化学作用,是一个非常复杂的过程,其中主要是蛋白质的水解作用。蔬菜所含的蛋白质在水解酶和微生物的作用下,逐渐被分解生成具有鲜味和甜味的氨基酸,并使腌制品产生一定的色、香、味。这个变化过程缓慢而复杂。

(一)色泽的变化

蔬菜腌制品尤其腌咸菜类,在后熟过程中要发生色泽变化,逐渐变成黄褐色至黑褐色,其成因如下。

1. 酶褐变引起的色泽变化

蛋白质水解所生成的酪氨酸在微生物或原料组织中所含的酪氨酸酶的作用下,在有氧气供给或前述戊糖还原中有氧气产生时,经过一系列复杂而缓慢的生化反应,逐渐变成黄褐色或黑褐色的黑色素,又称黑蛋白。

原料中的酪氨酸含量越多,酶活性越强,褐色越深。

2. 非酶促褐变引起的色泽变化

原料蛋白质水解生成的氨基酸与还原糖会发生化学反应，导致非酶促褐变，从而引起腌制品的色泽变化。这种化学反应被称为美拉德反应或称羰氨反应。美拉德反应(Maillard reaction)生成的物质呈褐色或棕红色或黑色，统称为“酱色”。“酱色”是酱腌菜必须具备的一项重要指标。非酶促褐变不仅会引起色泽变化，而且形成的这种褐色物质还具有香气。其褐变程度与温度和后熟时间有关。一般来说，后熟时间越长，温度越高，则色泽越深，香味越浓。

3. 叶绿素破坏引起色泽变化

蔬菜原料中所含的叶绿素，在腌制过程中会逐渐失去其鲜绿的色泽。特别是在腌制的后熟过程中，由于 pH 值下降，叶绿素在酸性条件下脱镁生成脱镁叶绿素，变成黄褐色或黑褐色。

4. 外加有色物质引起色泽变化

在盐腌蔬菜的后熟腌制过程中，一般都会加入一些辣椒、花椒、八角、桂皮、小茴香等辛香料，其结果是既赋予了成品香味，又使腌制品色泽加深。

(二)香气的形成

蔬菜经腌制后，会散发出香气。香气的形成原因是多方面的，而且也经历了一个比较复杂而缓慢的生物化学变化过程。

1. 酯化反应产生香气

蔬菜腌制发酵过程中所产生的有机酸、氨基酸，与发酵中形成的醇类会发生酯化反应，产生乳酸乙酯、乙酸乙酯、氨基丙酸乙酯、琥珀酸乙酯等芳香酯类物质。

2. 芥子苷产生香气

榨菜、雪菜、高菜、包心芥菜均属十字花科蔬菜，富含芥子苷，尤其是芥菜类含黑芥子苷(硫代葡萄糖苷)较多，使芥菜类常具刺鼻的苦辣味。而芥菜类是腌制品的主要原料，当原料在腌制时搓揉或挤压使细胞破裂，硫代葡萄糖苷在硫代葡萄糖酶的作用下水解,苦味生味消失,生成异硫氰酸酯类、腈类和二甲基三硫等芳香物质,称为“菜香”,为腌咸菜的主体香。

3. 烯醛类芳香物质

氨基酸与戊糖或甲基戊糖的还原产物4-羟基戊烯醛作用,生成含有氨基的烯醛类芳香物质。由于氨基酸的种类不同,生成的烯醛类芳香物质香型、风味也有差异。

4. 丁二酮香气

在腌制过程中乳酸菌类将糖发酵生成乳酸的同时,还生成具有芳香风味的丁二酮(双乙酰),成为发酵性腌制品的主要香气来源之一。

5. 外加辅料的香气

腌咸菜类在腌制过程中一般都加入某些辛香调料,如花椒含异茴香醚、牛儿醇,八角含茴香脑,小茴香含茴香醚,山奈含龙脑、桉油精,桂皮含水芹烯、丁香油酚等芳香物质,这些外加辅料均使腌咸菜增添了不同的香气。

(三)鲜味的形成

由蛋白质水解所生成的各种氨基酸都具有一定的鲜味,但蔬菜盐渍品鲜味的主要来源,是谷氨酸与食盐作用生成的谷氨酸钠。谷氨酸钠是食用味精的主要成分,是蔬菜盐渍品鲜味的主要来源。

蔬菜盐渍品中不只含有谷氨酸,如榨菜含有17种氨基酸,其中谷氨酸占31%,另一种鲜味氨基酸天门冬氨酸占11%。此外,微量的乳酸及甘氨酸、丙氨酸、丝氨酸和苏氨酸等甜味氨基酸也助推了蔬菜盐渍品鲜味的增加。因此,蔬菜盐渍品鲜味的形成是多种物质之间相互反应的综合结果。

四、影响腌制的因素

(一)食盐

食盐有防腐作用,能抑制微生物的活动,而且由于食盐的高渗透压作用,可以使腌制蔬菜中的水分外渗并赋予腌制品产生特殊的香味。但由于各种微生物对食盐浓度的耐受程度不同,在腌制过程中，添加食盐的用量必须根据蔬菜品种的差异，所加工产品品种的不同、采收季节的差异、菜的老嫩、盐渍保存时间的长短和盐渍方法的不同，来调节食盐的用量，使食盐溶液的浓度既能达到抑制有害微生物的活动，但又无碍有益微生物的正常活动的目的。

加工企业多年的实践经验证明，过高的食盐浓度会使乳酸发酵受到抑制，使制品味感苦咸，无法食用；过低的食盐浓度则易使腌制品变色败坏，不宜久存。

（二）酸度

酸度对微生物的生命活动有极大影响，在蔬菜腌制过程中的有害微生物，除了霉菌抗酸能力较强外，其他几类都不如乳酸菌和酵母菌。试验与实践经验证明，pH 值 4.5 以下的酸性环境，能抑制有害微生物活动，也有利于维生素 C 的稳定。

（三）温度

各种微生物的生命活动，都有其适宜的温度范围。乳酸菌生长的适温为 26～32℃，在这个范围内，发酵时间与温度成反比，温度高、发酵快，产酸多，成熟早。但温度也不宜过高，如超过 32℃，会加剧有害微生物活动，抑制乳酸菌的生长。

（四）气体成分

腌制品主要的发酵作用是乳酸发酵，乳酸菌属兼性的嫌气菌，在嫌气状况下能正常进行发酵作用。而霉菌、丁酸菌和酵母菌等有害菌类，都属于好气性细菌，需要有氧的条件。因此，在蔬菜腌制过程中，通常都要将菜体压实、密封坛（池）口或使盐水淹没菜体，这些做法，都是围绕一个主题——排除空气，造成乳酸菌发酵的嫌气条件，同时也造成缺氧的环境，抑制好气的有害菌类。

此外，腌制过程中的酒精发酵以及蔬菜本身呼吸作用都会产生大量二氧化碳，部分二氧化碳溶解于腌制液中，对抑制霉菌的活动与防止维生素 C 的损失都有良好作用。

（五）香料

腌制蔬菜通常都要加入一些辛香料与调味品，这一方面改进风味,另一方面也在不同程度地增加了腌制蔬菜防腐保藏的功能,如芥子油、大蒜油等具极强的防腐力。此外,还有改善腌制品色泽的作用。

(六)原料含糖量与质地

腌制蔬菜含糖量的多少,对于发酵作用和乳酸量的生成有很大的影响。当其他条件相同时,在一定限度内,含糖量与发酵作用成正相关。所以,为了促进蔬菜腌制初期的乳酸发酵,产生较多的乳酸,原料和腌制液应具有一定量的营养物质。原料菜应选择含糖量不低于1.5%~3.0%的品种。对于含糖量较少的原料品种,可适量补加食糖,或对原料菜采取揉搓、热烫或切分等措施进行处理,使菜体内可溶性物质迅速外渗,以提供盐渍初期的发酵基质。

(七)腌制卫生条件

腌制卫生条件直接影响腌渍的效果,因此原料菜应进行洗涤;腌制容器要进行消毒;腌制工具和腌制场所要保持清洁卫生。此外,还应注意腌制用水的质量,在盐渍过程中的倒缸和人工接种等操作,对改进制品风味、提高制品的品质都有重要作用。

第三节　蔬菜腌制品内含有害物质的危害及防范

一、亚硝酸盐及其化合物的危害

目前,世界公认的三大强致癌物质是黄曲霉毒素、苯并芘和亚硝胺。其中亚硝胺物质与蔬菜腌制品休戚相关,蔬菜盐渍品如腌制、食用不当,常常会成为致癌的一大途径。

研究表明,亚硝胺有100多种化合物,按其结构可分为N-亚硝胺、N-亚硝酰胺、N-亚硝脒和N-亚硝基脲等,统称为N-亚硝基化合物,即指含有亚硝基的化合物,此类化合物在动物体内、人体内、食品中以及环境中均可由其前体物质胺类、亚硝酸盐及硝酸盐合成。不同的亚硝胺可引起不同的肿瘤,如作用于胚胎,则发生致畸性;如作用于基因,则发生突变,可遗传下一代;如作用于体细胞，则发生癌变引发食道癌、鼻咽癌、胃癌、膀胱癌等。

食品中自然存在的亚硝胺含量极少，但其前体物质如硝酸盐、亚硝酸盐和胺类在体内能合成亚硝胺。合成的亚硝胺是致癌的主要威胁。研究表明，合成的亚硝胺广泛存在于未腌透的酸菜、咸菜、酱菜以及咸鱼、咸肉、虾皮、香肠等食物中；剩饭和剩菜放置时间过长，虽未变馊，但也可能产生亚硝胺。大量施用硝酸盐类氮肥所收获的鲜菜，以及收获后保存处理不当所造成的大量烂菜中都含有大量的亚硝酸盐，最常见的是亚硝酸钠（$NaNO_2$）。同时，食物中的硝酸盐受细菌和唾液的作用可还原为亚硝酸盐，亚硝酸盐再与蛋白质分解产生的胺类在胃内酸性条件下可合成亚硝胺。

据国外学者研究报道，人体摄入的硝酸盐 81.2％来自蔬菜。新鲜蔬菜亚硝酸盐含量较少，一般 1mg/kg 以下，但硝酸盐含量相当高，特别是滥用硝酸盐等氮肥，或者在土壤中缺钼的情况下，硝酸盐含量会高得出奇。

1907 年，Richardson 首先报道在蔬菜、谷物中存在着硝酸盐。1943 年 Wilson 指出蔬菜中的硝酸盐可被细菌还原成亚硝酸盐，喂养动物后可与动物血红蛋白结合形成高铁血红蛋白失去携氧功能而中毒。1956 年 Magee 将含有 50mg/kg 二甲基亚硝胺的饲料喂养大鼠一年，结果几乎全部发生肝癌，揭示了亚硝基化合物的致癌症性。自此后，食品中特别是酱腌菜和肉类食品中亚硝基化合物的产生机理、含量和致癌性引起了食品工艺学家和营养学家的广泛关注。

许多蔬菜都含有硝酸盐，其含量随蔬菜种类和栽培地区不同而有差异。一般来说，叶菜类大于根菜类，根菜类大于果菜类。

新鲜蔬菜腌制成咸菜后，其硝酸盐含量下降，而亚硝酸盐含量上升。新鲜蔬菜亚硝酸盐含量一般在 0.7mg/kg 以下，而咸菜、酸菜亚硝酸盐含量可上升至 13～75mg/kg。通常在 5％～10％的食盐溶液中腌制，会形成较多的亚硝酸盐。腌制过程中的温度状况也明显影响亚硝峰出现的时间、峰值水平及全程含量。腌菜在较低温度下,亚硝峰形成慢,但峰值高,持续时间长,全程含量高。亚硝酸盐主要聚集在高峰持续期,如腌白菜,高峰持续19天,亚硝酸盐含量占全程总量的98%。研究还表明:亚硝酸盐含量与蔬菜腌制时含糖量呈负相关。

以乳酸发酵为主的泡菜则是另一种情形。西南农业大学熊国湘等研究泡芥菜在乳酸发酵过程中亚硝酸盐的变化规律时发现:茎用芥菜与叶用芥菜原料的亚硝酸盐含量分别为1.6mg/kg、1.7mg/kg,经发酵、杀菌后的成品增长为3.2mg/kg、6.4mg/kg,以在预腌期中增长幅度最大,发酵阶段增长甚微。因预腌阶段,食盐浓度和乳酸含量均低,不能完全抑制杂菌活动,故亚硝酸盐陡增。而在乳酸发酵阶段,杂菌受到抑制,乳酸菌既不具备氨基酸脱羧酶,因而不产生胺类,也不具备细胞色素氧化酶,因而亚硝基的生成量甚微。泡酸菜中亚硝酸盐含量一般均低于10mg/kg。即使人均每日食用100g也远远低于肉制品中亚硝酸盐含量应小于30mg/kg的国家标准和世界卫生组织(WHO)建议的日允许摄入量(ADI)0.2mg/kg体重。

二、亚硝基化合物的防范

亚硝基化合物虽然会对人体健康造成很大威胁,但只要掌握以下几点,也是可以防范的,从而大大降低致癌的风险。

(一)腌制的前期处理

在腌制蔬菜的原料种植过程中,要重视有机肥料、微生物肥料和生物复合肥料的施用,少用或不用硝态氮肥;腌制时要选用新鲜原料蔬菜,并经清水洗涤,适度晾晒脱水,严格掌握腌制条件,防止好气性微生物污染;提倡在腌制品中适当添加维生素C、茶多酚等抗氧化剂,以减少或阻断亚硝胺前体物质的形成,减少亚硝基化合物的摄入量。

(二)掌握腌制时间,避开亚硝酸盐形成的高峰期取食

亚硝基化合物的产生及变化有一定规律,针对其规律,可以找到降低或消除亚硝酸盐的措施。

刘青梅、杨性民教授曾于2000—2001年进行了专题研究。研究结果表明，亚硝酸盐的含量同腌制时加盐量的多少、取用的时间直接有关。

(1)用不同浓度的食盐腌制雪菜，食盐浓度低的，亚硝酸盐生成较快，亚硝峰出现较早，含量也较高；食盐浓度高的，亚硝酸盐生成较慢，亚硝峰出现慢，含量也较低。用4%、6%、8%、10%食盐腌制，亚硝峰分别出现在腌制后的第10天、第11天、第32天和第33天。

(2)用同一种浓度的食盐来腌制雪菜，如用10%的浓度的食盐腌制。则在常温下，雪菜要40天才能成熟。雪菜只有在腌制成熟之后，亚硝酸盐的含量才会降低。

腌制品取用的时间，除应考虑营销计划外，还应确保安全卫生的原则，根据腌制时加盐量的多少，选择亚硝酸盐含量降低后的最佳时间。一般腌制时加盐10%左右的至少应在40天以后才能取食；加盐8%的要在35天以后；加盐6%的要在30天以后取食。

雪菜腌制过程中硝酸盐及亚硝酸盐含量的变化见表10－2所述；不同食盐浓度亚硝酸盐含量的变化见表10－3所述。

表10－2 雪菜腌制过程中硝酸盐及亚硝酸盐含量的变化

(单位：mg/kg)

时间(天)	硝酸盐	亚硝酸盐	菜色	风味
0	12.1	—	鲜绿	辛辣味浓
5	—	0.20	鲜绿	辛辣味浓
10	10.4	1.08	绿色	辛辣味浓
15	—	6.39	绿色	辛辣味浓
20	—	11.8	暗绿	辛辣味浓
25	—	9.68	暗绿	辛辣味浓
30	—	7.26	黄绿	辛辣味淡
35	—	7.19	黄绿	辛辣味淡
40	—	7.00	金黄	鲜香略酸

表 10-3 不同食盐浓度亚硝酸盐含量的变化(单位:mg/kg)

时间(天)	食盐浓度			
	4%	6%	8%	10%
5	1.5×10^{-6}	0.97×10^{-6}	0.75×10^{-6}	0.20×10^{-6}
10	4.84×10^{-6}	3.46×10^{-6}	2.58×10^{-6}	1.08×10^{-6}
15	3.52×10^{-6}	3.08×10^{-6}	4.49×10^{-6}	6.39×10^{-6}
20	1.01×10^{-6}	2.45×10^{-6}	6.44×10^{-6}	11.80×10^{-6}
25	0.51×10^{-6}	1.91×10^{-6}	5.18×10^{-6}	9.68×10^{-6}
30	0.45×10^{-6}	0.85×10^{-6}	4.21×10^{-6}	7.26×10^{-6}
35	0.42×10^{-6}	0.82×10^{-6}	3.02×10^{-6}	7.19×10^{-6}
40	0.40×10^{-6}	0.76×10^{-6}	2.32×10^{-6}	7.00×10^{-6}

第四节 榨菜加工技术

榨菜,是中国名特产品之一,与欧洲的酸菜、日本酱菜并称世界三大名腌菜。榨菜主要集中产于四川和浙江两省,因加工工艺差异较大,形成了“川式榨菜”和“浙式榨菜”二大类别,宁波榨菜属于不经风干脱水、直接腌制加工而成的“浙式榨菜”。

经过数十年的探索,浙江东部的余姚、慈溪等县市对“浙式榨菜”加工工艺已达到国内先进水平,产品质量佳,深受消费者的欢迎,在国内外都享有较高的声誉。余姚市的“铜钱桥”榨菜和“国泰”榨菜等品牌先后被评为中国名牌。2014 年“余姚榨菜”品牌价值达 64.97 亿元,列中国农产品区域公用品牌价值百强第四位,浙江省农产品品牌价值首位。

一、腌制工艺

(一)工艺流程

选料→初腌→复腌→贮存

(二)操作要点

1. 选料

榨菜鲜头质量的好与坏,直接影响榨菜成品率的高低和产品质量。菜头收购标准要求：基部膨大，质地细嫩、致密，皮薄老茎少，菜头部突起较小，呈圆形或椭圆形，大小均匀，表面光滑，色泽青绿，无黑斑、烂心和空心。要求掌握适时收购、加工，不过早或过迟。榨菜如收获太早，不仅菜头较小、产量低，而且菜头太嫩，腌制后不利去尖整形；如收获过迟，后期菜头膨大加快，含水量增多，组织疏松，细胞间隙加大，纤维素木质化，同时菜头抽薹消耗大量营养物质，内外细胞组织膨大速度不一致而形成空心，局部细胞组织失水而形成白色海绵状组织，使原料消耗加大，成品率下降。

2. 初腌

初腌一般在铺有薄膜的泥池中进行，其目的是去除菜头表面的泥沙污物和部分烂头。具体方法是按每 100kg 鲜菜头撒盐 6kg 计算，一层菜一层盐，底少面多，每层菜的厚度控制在 30cm 以内，撒盐必须分布均匀。同时，由于鲜菜头质地脆嫩，要轻踏勤踏，直到食盐溶化，溶解后的食盐渗入细胞组织内部，迫使内部细胞组织的汁液渗透出来。初腌时间以 48h 为宜。时间过短，菜头内外排水不一致；时间过长，容易发热泛黄、卤水变酸导致菜头变质。因此，在每个池中要插牌标志，注明数量、用盐量及时间，免得搞错翻池时间。

3. 复腌

复腌是榨菜生产工艺的关键环节，直接关系到榨菜半成品质量。在具体方法上，通过输送带将经过初腌的菜头输运到腌制池中，期间要不断搅拌，以清除菜头表面的泥沙污物。按初腌菜头计量入池，每 100kg 菜头加盐 12kg 左右。其中，将总盐量的 40％留作盖面盐。腌制时，一层菜一层盐，均匀撒盐，上多下少。每层菜的厚度不超过 15cm，菜头要层层踏紧、踏实，至池满，撒好盖面盐。然后铺上薄膜封好口，用干燥碎泥压实，泥层厚度 15cm 以上。室内水泥池腌制的一般在上面铺竹篼，用石块压实。腌制时间一般掌握在 60 天左右，以菜块成熟度达到 90％以上为标准。腌制后的次日即要泛卤。若不泛卤，除石块压力不足外，主要是池漏；如不及时处理菜头就会发热泛黄霉变,如有发现要及时采取措施。石块不足者,增加石块;稍有漏者添加卤水即可,对大漏者添加卤水无济于事,必须马上翻池重腌。

4. 贮存

经过腌制的榨菜作加工块形榨菜和方便榨菜的原料,在池中贮存时间较长,短的也要 2 个月。因此,贮存期间,要经常检查榨菜池的薄膜有否破损或有否被异物戳破,防止雨水漏入池内而导致整池榨菜腐烂变质,造成不必要的损失。

二、块形榨菜

块形榨菜是青菜头经过腌制后的半成品为原料,通过修剪、分等整形、淘洗压榨等工艺,加入调味料后制成的盐腌菜。块形榨菜的包装可采用陶坛、塑料桶、塑料瓶、塑料袋等容器,应无毒、无害、无污染。下面以坛装榨菜为例,介绍块形榨菜的加工工艺流程。

(一)取菜、修剪

一般腌制 60 天后,菜头内外的食盐含量基本上达到平衡一致,可以从池中取出进行修剪挑筋。取菜时,在池内利用卤水边取菜边捣拌,达到清洗菜头的目的。然后用小刀剔净菜块上的飞皮、菜耳,削去老皮,挑去老筋,除去黑斑烂点,但不能挑破青皮、菜肉、菜瘤,使菜头各部光滑整齐。当天出池的菜头,要当天修剪完毕,不准存放过夜,以免生霉和褐变,影响质量。

(二)整形、分等

整形分等是整理菜头形状、大小分级的过程。按菜块大小及品质分为三级:一级要求每个菜块重量 40～60g,肉质厚实、质地脆嫩、修剪光滑;二级菜每个菜块重量 30～40g,肉质厚实、质地脆嫩、修剪光滑,长形菜不超过 50%;三级菜又称为通菜,肉质尚脆嫩、修剪尚光滑。对一部分过大的菜头和畸形的菜头要进行适当剖切,修整菜形,使菜形美观,大小均匀。整形分级后的菜头要及时淘洗上榨,不宜放置过久。

（三）淘洗、上榨

由于菜块本身难免带有泥沙等杂物，再加上修剪、整形等环节而导致菜块表面不够清洁，因此在上榨前，需在盛满通过澄清过滤或经压榨后排放出来的咸卤水的塑料桶中进行淘洗，清除菜块表面附着的泥沙等杂物，使之清洁卫生。经卤水掏洗后的清洁菜块要及时上榨，上榨时要缓慢地往下压，使菜块外部的明水及内部的可能压去的水分徐徐滤出，而不致使菜块变形或破裂。在出榨前，榨身周围必须用咸卤水清洗干净，装出榨菜的塑料框等也要清洗干净。

（四）拌料、装坛

拌料就是将通过压榨后的菜块与事先准备好的用食盐、辣椒粉、混合香料、防腐剂（苯甲酸钠或山梨酸钾）拌成的混合料拌和。拌料一般以 50kg 为一批进行，将菜块倒在木盆内或台板上，先用一半配好的料撒在菜块上进行初拌，然后再将另一半料撒在菜块上进行复拌，促使菜块拌料均匀、色泽一致，拌后即可装坛。

装坛是加工工艺中最为关键的一环，装坛的好坏直接影响到榨菜的质量和保存期的长短，因此在生产上必须把好这一关。装坛前，先检查坛子有无裂缝、渗漏。发现有裂缝、渗漏应及时进行修补。同时，必须事先清洗坛子，并晾干备用。新坛一般清洗 2 次，第 1 次用清水洗，第 2 次用咸卤洗；旧坛一般清洗 3 次，第 1、2 次用清水洗，第 3 次用咸卤洗。装坛时，先将坛子放进事先在地面挖好的穴中 1/3，以便操作和防坛破裂，然后在坛底撒 100～150g 盐，每坛分五层装满，按一定数量装菜，层层用木棒压紧、排满，使菜块紧密结合，尽量排除坛内空气。装坛时用力要均匀，防止用力过猛将坛子装破，菜块装碎。菜块不宜装得过满，一般以离坛口 2cm 为宜。装好后在坛口撒面盐 50g，并用箬叶铺好，塞紧菜叶，搬至清洁卫生的地方存放，让榨菜在坛内发酵后熟、泛卤。

（五）封口、贮存

装坛 15～20 天之后，要进行一次覆口检查和封口。具体方法是将塞口菜取出，泛卤的证明装得较紧，如果坛面菜下落变松，应马上添加同一等级的菜块塞实，如果坛口菜有发花发霉的，要挖出来另换新菜塞满，再加食盐或红盐(盐与辣粉比为5∶1)75g。然后用箬叶或塑料薄膜铺好，再用晒干的菜叶塞口，要塞紧塞实，中间部分应高出坛口边缘1cm，擦净坛口，用水泥(水泥与沙比为1∶3)封口。待坛口水泥干后，运入通风凉爽的仓库进行保管贮存。

三、方便榨菜

方便榨菜，是以传统方法腌制生产的不加辣椒及香料的半成品榨菜为原料，经淘洗、修剪、切分、脱盐、脱水、调味、称重、装袋、抽气、密封、杀菌、冷却而制成的多风味、清洁卫生、开袋即食、携带方便、保存期长的小包装榨菜。宁波方便榨菜是以浙式榨菜为原料，经精加工而成的浙式方便榨菜。按包装不同，可分为塑料袋装方便榨菜、玻璃瓶装方便榨菜，以及罐头装方便榨菜；按含盐量不同，可分为中盐含量类、低盐含量类和超低盐含量类。目前，宁波地区的方便榨菜多为塑料袋装、低盐含量类，下面以此为例，将其制作工艺流程介绍如下。

(一)淘洗、取菜

方便榨菜的原料是贮存在大池中的半成品榨菜。取菜时要捣拌几下，尽量去除附着在菜头表面的污物，同时剔除变质或霉烂菜块，取好后用塑料薄膜盖严腌制池。开池后的半成品榨菜要尽快用完，注意清洁卫生。

(二)修剪、切分

经过腌制的榨菜头从池中取出后，用小刀剔净菜块上的飞皮、菜耳，削去老皮，挑去老筋，除去黑斑烂点。然后，将修剪干净的榨菜头用多功能切菜机切分成丝、片、丁等形状。当天出池的菜头，要当天用完，不准存放过夜，以免生霉和褐变，影响质量。

(三)脱盐、脱水

由于贮存于菜池的半成品榨菜采用的是高盐腌制法，一般盐分浓度可达 15 度左右,因此需要对原料进行脱盐。具体方法是:将经过切分的榨菜丝、片或丁等原料放到专门用于脱盐的水池中,或将原料放到自动脱盐槽中进行脱盐,脱盐时间根据加工需要来定,超低盐含量类的脱盐时间长些,反之则短些。一般在水池中脱盐的需浸泡 0.5～1h,期间搅拌 2～3 次;在脱盐槽中脱盐的需要经过 20min 左右,使盐分浓度降至 5 度左右,然后将原料放入压榨机中压干或离心机中甩干。

(四)调味、拌料

方便榨菜的调味料主要是食盐、味精、香辛料、食品添加剂等,可根据市场和消费者需求增加调味品的种类,调味料应现配现用。拌料可以人工操作,也可拌和机搅拌,一般以 50～100kg 为一批进行,以确保拌和均匀为原则。拌料时,先撒一半配好的料进行初拌,然后再撒一半料进行复拌,促使拌料均匀、色泽一致,拌后即可称量、装袋。

(五)称量、装袋

方便榨菜的包装袋必须使用色泽正常、质地均匀、气密性好、无毒、无异味、无异物、耐油渍、耐腐蚀的两层或三层以上的复合塑料薄膜制成的真空包装袋,彩印包装袋的图案必须清晰、整洁。如可用尼龙/高密度聚乙烯包装袋,厚 60μm 以上,可耐 100℃高温而不分层。包装袋的容量可采用 50g、80g、100g 等规格。称量后的菜通过漏斗装入袋内,并用小木棒揿实(擀实)。然后擦去袋口菜丝、菜汁,以免封口热合不牢固。

(六)抽气、封口

用真空包装机抽气、封口。在 0.09MPa(兆帕)以上真空度下,抽气密封,热合带宽度应大于 8mm。一般热合温度 80℃、时间 15min,可根据包装袋的厚度来调整热合温度、热合时间。

(七)杀菌、冷却

杀菌一般采用巴氏杀菌法,即 80℃水中浸 15min。目前宁波多数规模企业均安装了巴氏杀菌机流水线,采用优质不锈钢,温度、速度可根据工艺要求设定,不锈钢带强度高,伸缩性小,不易变形,易保养,操作机维护方便。具体工艺流程是:把封好口的袋子放在可调速的不锈钢网带上,在传送带的作用下按序进入灭菌箱体内,经由"高温水为介质"15min后,再由传送带带入冷却箱体内用冷却水喷淋冷却,用鼓风机吹干明水。

(八)检验、装箱

装箱前先对包装袋进行检验,剔除真空度不够、封口不严或有破口的袋子,然后装箱打包,交库验收。如采用礼盒装,可装成单味或多味产品。

第五节　雪菜、高菜加工技术

雪菜(高菜)的腌制品在宁波被称之为咸菜,色泽黄亮,有香、嫩、鲜、微酸等特点,是宁波人喜爱的下饭菜,民间流传着"三日弗(不)吃咸菜汤,脚娘肚(小腿)就酸汪汪"的说法,而且咸菜黄鱼、咸菜豆瓣等许多菜都离不开雪菜的辅佐。

一、腌制工艺

(一)工艺流程

原料→晾晒→去黄叶→腌制→封口→成熟

(二)操作要点

1. 原料处理

供腌制的雪菜(高菜)要在晴天收割,若遇雨季要在转晴后2～3天再收割。割下的菜要齐根削平,先抖去菜上的泥土,剔除黄老叶,然后根部朝上,茎叶朝下,在菜地摊晒5～6h,让其自然脱水。经晾晒原料,使之失去水分1/5,这样在菜卤形成时营养成分流失少,而且经晾晒后,蛋白质水解成氨基酸等鲜味、香味物质,增进风味。经过自然脱水处理的雪菜(高菜)若当日腌不好的,要选择干净的地方摊开,不可堆放,以防发热导致腐烂变质。

2. 腌制方法

雪菜(高菜)腌制依容器不同,可分为缸腌、池腌、瓮腌等,宁波滨海地区以缸腌和池腌为主,现将两种方法介绍如下。

(1)缸腌。缸腌是宁波传统的腌制方法,也是家庭腌菜的主要方法,供腌制的容器主要是陶缸。具体方法是:

首先用清水将腌制用缸洗净擦干并自然晾干。在腌制时于缸底撒上一层盐,然后将修整好的雪菜(高菜)从四周向中央分批叠放。叠菜的原则是:茎叶朝上稍外倾,根部朝下稍内倾,按菜大小分档,叠放厚薄要均匀、紧密。一层菜叠放完毕后,均匀撒上一层盐。用盐量根据雪菜(高菜)收获季节、腌制时菜的老嫩、存放时间长短来确定,一般每 50kg 冬菜加盐 2.5～3kg,每 50kg 春菜加盐 4～6kg。在撒盐量上应做到冬菜“上少下多”,春菜“上多下少”。撒盐时,每层用盐量分 2 次撒,第 1 次撒好后,用手拍菜,使叶片上的盐落入根部,每层踩踏完成后,第 2 次再将盐撒在叶面上进行踩踏。踩踏时,腌制者要在缸内作“圆周运动”,踩踏的顺序由四周到中央,层层踩实,踩踏要轻而有力,以出卤为度,要尽量减少缸内空气的留存,造成嫌气环境,促进发酵。一缸菜腌满后要加“封面盐”,然后插入竹片,用石头压好,中间高、四周低。这样处理后,一般过两天就会汁水过顶,如汁水不过顶,需增压或加少量冷却的盐开水。

(2)池腌。除了缸腌外,宁波滨海地区的加工企业或营销经纪人用泥池来腌制雪菜(高菜)。泥池一般由营销经纪人或菜农建造在屋前屋后或在菜地附近较为高燥的地方,此种方法最大的优点是省工省本。泥池池底稍窄,池面稍宽。池的大小视所铺的塑料薄膜宽度和腌制雪菜的数量而定,一般长 4～5m,宽 2～3m,深为 1～2m。

腌制前,腌制人员应提前检查腌制池是否有积水,有积水应提前用水泵将其抽干。在池底铺上一层软草,再铺上三层 PE 塑料膜,四边放置均匀。其中一般为 2 层旧 PE 塑料膜,1 层新塑料膜,新塑料膜放在最上层，即接触腌制雪菜的那一层，要用厚膜、整幅膜。

腌制时，先在底层撒上一层盐，然后排菜，第一层菜，要叶朝下根朝上，以防底层农膜被根戳破；自第二层开始至顶面，才都是叶朝上根朝下。应一层菜一层盐，并层层用脚踩实。用盐量视腌制季节、腌制时菜的老嫩以及贮存时间等有所差别，一般每 100kg 老菜、冬菜的放盐量控制在 13～15kg，多放些盐可将原料保存到后期加工；每 100kg 嫩菜、春菜的放盐量一般为 17～18kg。整池菜的用盐量要分两次投放，第 1 次在排踏雪菜时投放总用盐量的 90%；第 2 次是经 24h 观察，等顶层菜下沉 20cm 处出现菜卤，即可再次用脚踩踏，使菜层完全浸没在卤水之下，然后再撒上余下的食盐作为封顶盐，并覆上封口膜。在封口膜上压上 20cm 厚的泥土，使之密不透风，并同时再加上其他遮盖物。过数天或 2～3 个月后，池顶下沉，再加盖泥土 20～30cm，以确保腌菜处于严密的嫌气状态。一般腌渍 45 天后成熟，其色泽鲜黄，鲜香脆嫩，可有效保证亚硝酸盐含量符合 GB 2714《酱腌菜卫生标准》要求且含量≤20mg/kg。

需要注意的是，高菜在排踏时投放总用盐量的 80%，总盐量的 20%留作盖面盐。为盐分均匀渗透到高菜中，腌制后第 2 天开始淋盐水，上、下午各 1 次，具体方法是：投菜时，在池中间放 1 个 1.2m 左右长的竹笼，不要过长，以免戳破底部薄膜；然后在笼中放一个水泵，将底部的盐水抽上来淋下去。经 3～5 天后撒盖面盐，并覆盖封口膜。

二、软包装雪菜(高菜)加工技术

(一)生产工艺流程

主原料咸菜→清洗脱盐→去叶去头→切段→拌料与调味→装袋封口→杀菌冷却→成品检验→包装入库(图 10-1)

其中：辅料，如盐渍笋经清洗、切丝后加入主原料中一起拌料调味。

图 10-1　雪菜、高菜生产流水线之一

(二)操作要点

1. 清洗脱盐

清洗是指将腌制后的雪菜(高菜)放入用水泥浇制的水泥池内或放有流动水的清洗槽中进行浸泡、清洗,除去泥沙、杂草、老叶等异物,剔除黄叶、烂叶等影响感官性状的不良品等。清洗、脱盐时间应根据原料、产品咸度和要求、水温情况及脱盐方式来定,一般水泥池清洗脱盐的需浸泡 2～3h,清洗槽中流水冲洗的则可大大缩短清洗脱盐时间。

2. 切分

将经清洗脱盐过的雪菜(高菜)按照预定的加工目标进行切分。软包装的一般通过多功能切菜机切成 0.5～1.0cm 长度的小段待用,不得有连刀片。

3. 拌料调味

根据不同地区消费者习惯,可添加花椒、辣椒、糖、酿造醋、味精、麻油等调味料生产多种口味的产品。将切分的原料放在特制的容器内,按一定配比,加入调味品与添加剂进行拌料与调味。每次拌料的数量以 40～50kg 为好,以免配料与雪菜拌和不均匀,影响风味。

4. 装袋封口

将调配好的雪菜、高菜装入塑料薄膜袋内。装袋时应进行称重，使袋内固形物含量不低于净含量的80%，同时灌注适量的汤汁以保证产品质量。由于腌雪菜裸露于空气中时间过长将严重影响雪菜色泽、风味。因此，生产上要求随取随加工，每批出池腌菜应在2～3h完成脱盐、洗涤、整理、配料和装袋封口的整个工序，尽量减少腌菜笋丝在空气中滞留时间。

务必注意：不论是手工操作还是全自动的机械操作，装袋时应注意保持袋(瓶)口处清洁、无污染，以保证封口的严密性。

排气是指经装袋或灌汁后，在封盖前或在密封的同时，排出袋内部分空气，使容器内保持一定真空状态的技术措施。排气后，可使袋呈现平坦或向内凹的状态，保持质量良好的外表象征，便于成品质量的检验。具体排气方法如下。

热力排气法：这种排气方法在排气时，先将排气箱的蒸汽阀门打开，对排气箱内加热，待排气箱内温度升高至95℃以上时，将装灌好的薄膜袋置于排气箱的传送链条上。通过传送链条的运转，带动复合薄膜袋向前运行，与此同时进行排气。在排气箱出口处，中心温度应不低于85℃。

真空排气法：薄膜袋装腌菜多采用这种方法，利用真空封口机在热熔密封的同时进行抽气，排除袋内空气，使袋装腌雪菜或高菜保持良好的真空状态。

无论是袋装雪菜、高菜，还是瓶装雪菜、高菜原汁，经排气后应立即进行密封。通过密封可以使容器中的内容物与外界隔绝，不再受外界空气和微生物的污染。由于包装容器不同，所采用的密封方法也不同。

玻璃瓶或塑料瓶密封：旋开式玻璃瓶或塑料瓶的密封，是依靠瓶盖的旋转，使瓶盖的盖爪与瓶口相应的螺纹线紧密咬合，瓶盖上的橡胶或塑料垫圈，紧压在瓶口的封口线上，进行密封。目前，在雪菜、高菜精加工、小包装生产中这种密封方法多为手工操作。具体做法是：两手戴上双层线手套，左手以托势握紧瓶底，右手掌心向下握紧瓶盖，两手反向着力旋紧瓶盖，使瓶盖与瓶口互相吻合，达到密封的效果。有条件的企业也可以采用半自动、全自动封罐机或真空封罐机进行密封(图 10－2)。

图 10－2　蔬菜生产流水线

复合塑料薄膜袋密封:复合塑料薄膜袋的密封,一般多采用真空封口机进行抽气热熔密封。即利用电加热和加压冷却,使复合塑料薄膜袋在抽气的同时熔融密封。封口的关键是适宜的封口温度、压力、时间及良好的袋口状况。在一定的封口时间内,温度过低会造成薄膜熔融不完全,不易黏合;温度过高又会使薄膜熔融过度形成空洞,也造成封口不牢。同样,压力过低会造成熔融的薄膜连结不够紧密;压力过高也会造成熔融的薄膜被挤出而封口不牢。所以,新产品在投产之前,有必要对封口温度、压力和时间进行试验。复合塑料薄膜袋密封时,为保持封口处严密、平整、无皱纹和一定的封口强度,应注意以下几点:①装袋充填内容物时,应注意保持封口处清洁无污染。如果在封口处内侧,附着有水滴、汁液或油脂等污物,热熔封口时易产生蒸气压,导致局部膨胀,封口不严密;②控制装袋量不宜过多,一般应控制内容物距袋口 3～4cm;

③调整控制封口时抽空排气的真空度。真空度的大小应因不同产品而异,防止因真空度过高,导致汤汁外溢污染袋口;④薄膜袋口必须平整,两面长度一致;⑤封口机的两面压膜应保持平整、平行、夹具良好。

5. 杀菌冷却

小包装腌制蔬菜经排气密封后,仍会有因微生物存在,而导致内容物腐败变质,所以必须进行杀菌,才能达到长期保存的目的。

目前,腌制蔬菜小包装的杀菌方法,多采用热力杀菌。杀菌温度和时间的确定,依制品种类和性质不同而异。现在多数雪菜(高菜)加工企业的做法是:将小包装腌制雪菜或高菜制品,放入90℃左右的热水或蒸汽中,杀菌18min。杀菌时应掌握既要能杀灭包装容器内的微生物,又要尽量保持内容物原有的色泽、风味、质地及营养价值。除热力杀菌外,对小包装腌制雪菜、高菜也可采用微波技术或原子辐照进行杀菌,可以更好地保持制品原有的质量。

小包装腌制雪菜(高菜)经杀菌,内容物需保持80℃以上的高温。但长时间的高温,会引起腌雪菜(或高菜)的质地、脆度、色泽、风味等品质劣变及营养物质损失,还可能造成嗜热性细菌的生长繁殖而引起败坏。因此,杀菌后应迅速进行冷却,使内容物的温度降低到适当的程度,以保证制品的质量。冷却速度越快,腌雪菜(或高菜)的质地保持越好。

目前,在腌制雪菜(高菜)小包装生产中,一般是以冷水作为冷却介质,多采用流动水冷却或分段冷却。冷却用水必须清洁,符合饮用水标准。冷却时一般达到25～30℃即可停止,以利用余热使附着在包装外部的水分蒸发。

流动水冷却:冷却时,先调节冷却池、箱或其他容器中的水温,再将小包装腌渍雪菜或高菜制品,放入冷却池的流动水中,通过检测冷却水的温度,调节进水速度,使杀菌后小包装腌雪菜温度,逐步降低,达到冷却的目的。

分段冷却:为防止杀菌后的玻璃瓶,骤然遇冷破裂,一般瓶装腌雪菜或高菜制品杀菌后，多采取分段冷却的方法，即：备有 3 个冷却容器（池或缸等），按 70℃—50℃—30℃ 三个梯度，分别放入冷却水，然后将杀菌后的瓶装雪菜或高菜制品装入篮（或筐）中，及时放入第一道冷却水中，冷却 2～3min 后取出，并即时转入第二道冷却水中，冷却 3～5min，又即时转入第三道冷却水中，继续冷却，使制品冷却至 25～30℃ 即可。冷却过程中，各道冷却水的温度，应经常注意调节保持规定的温度。否则，由于热的传导，冷却水温升高，会影响冷却效果，或因温差过大，引起玻璃瓶的破裂。雪菜（或高菜）加工行业采用的冷却方法，多结合杀菌的同时在两只热水杀菌锅中交替进行。

6. 包装入库

冷却后的小包装雪菜（高菜）要逐个用干毛巾擦净包装容器外部的水迹和污物，检出歪盖、破损、漏汁和胀袋等不合格的残次品。现在许多规模较大的企业，为提高劳动生产率和产品质量，对加工工艺进行了技术改造，纷纷安装自动化流水线，杀菌、冷却和热风吹干三个环节一次完成，无须人工擦干包装。经检验后的合格袋（瓶）装雪菜或高菜制品，可贴好标签装入包装箱。包装箱内应放有注明包装检验员的代号标志，以便当箱内发生短缺或品种规格不符时，追查责任。包装箱应牢固，外形美观、整洁，并注明产品名称、规格、数量等内容。然后送入通风、干燥、洁净的仓库内进行贮存或销售。

三、雪菜加工废弃物的利用

（一）雪菜原汁

雪菜原汁是加工软包装雪菜而废弃的下脚料（咸菜叶、咸菜头），经破碎、压榨、过虑、调配、杀菌等工艺精制而成的具有特殊风味调味品。民间流传，取用咸菜卤汁炖鱼类、水产海鲜、贝壳类，具特殊的风味。咸菜卤汁是经过长时期腌制发酵而产生的特殊鲜味和香味，经浙江医科大学测试，含有 14 种氨基酸，而且含量高。在烹调各种菜肴时，具有良好的去腥、去油腻、增香效果。但是，这些卤汁保存期不长，容易变质，只能随用随取，加上原液内杂质、泥浆、杂菌较多，不能直接食用。充分利用咸菜加工过程中切下的咸菜叶和头，既增加了收入，又可有效避免对环境的污染。

1. 配方

雪菜精滤液、调味品、添加剂。

2. 生产工艺

雪菜叶、雪菜头→破碎→压榨→沉淀→粗滤→调配→精滤→杀菌→灌装封口→贴标→装箱→成品

3. 操作要点

(1)原料处理。先将咸菜头、叶打碎，压榨并沉淀10h，然后取上清液，进行粗滤。

(2)调配精滤。将咸菜粗滤液按配方比例调配好，并拌匀再进行灭菌超滤。

(3)杀菌。为确保产品质量，滤液再经过巴氏杀菌处理。

(4)灌装封口。杀菌后雪菜原汁，趁热灌装封口，并贴标，装箱入库。

4. 质量标准

(1)感官标准。色泽：金黄色，纯净透明；滋味与气味：具有咸菜清香味、无异味；组织形态：无沉淀、无混浊、均匀一致。

(2)理化指标。pH值4左右，盐度11°～13°，砷(mg/kg)≤0.5，铝(mg/kg)≤1.0。

(3)微生物指标。大肠菌群≤30MPN/100g，致病菌不得检出。

(二)雪菜饮料

雪菜饮料是用雪菜原汁调制而成的一种消暑保健咸饮料，适合于高温保健和夏季炎热旅游者补充盐分。雪菜饮料风味独特、新异、消暑、保健，其前景看好。

1. 配方

雪菜原汁，调味品，磁化水。

2. 生产工艺

水→磁化→净化
雪菜原汁→调配 }→混合→灌装→压盖→贴标→装箱

3. 操作要点

(1)水处理:饮用水多来自自来水,水先经过磁化器、净化器处理,达到完全无菌。

(2)调配、灌装、压盖

按比例将雪菜原汁、辅料混合均匀,并与无菌水混合后,及时灌装封口。

4. 注意事项

调配灌装要尽量缩短在空气中暴露时间,以减少杂菌的污染;其次,要严格控制微生物污染,常用瓶子、原料、机器设备都要彻底消毒干净,以防饮料被污染而出现混浊。

(三)雪菜汤料

雪菜汤料是生产雪菜原汁压榨后的渣,经粉碎调配,包装而成。

1. 配方

雪菜渣、盐、味精、辣椒、胡椒。

2. 制作

将榨汁剩余渣粉碎,并加上其他配料混合均匀,分装在小塑料袋内,可作面条、水饺、年糕汤料。

第六节　包心芥菜加工技术

包心芥菜经腌制发酵、脱盐、调味等系列工序制作而成的加工品称之为酸菜。近年来,以余姚为代表的滨海地区,通过技企合作,运用“公司＋合作社＋基地＋农户”的形式,发展包心芥菜生产,取得了成功。酸菜已成为宁波滨海区域特别是余姚市加工型蔬菜产品中的新秀,品牌影响力逐年提高。如余姚市第五蔬菜精制厂生产的“黄潭”牌酸菜多次被评为浙江省农博会金奖。

一、腌制工艺

(一)工艺流程

原料处理→腌制→封口加压→成熟

(二)操作要点

1. 原料

包心芥菜是用作加工酸菜的原料,要按无公害要求进行规范化种植和管理;原料应适时收获,避免老嫩不一;坚持按标准收购,确保原料无病虫、无有害物质污染和无有害异物混入。

2. 腌制

腌制用池、薄膜、食盐等设施及材料的准备同“榨菜”。

腌制用盐量按原料重量的17%准备,其中9%用于封口盐。采用层菜层盐的方法进行腌制。撒盐要均匀,期间进行适度踩踏,直至池面,并撒好封口盐。包心芥菜的覆膜封口与榨菜、雪菜不同,无须间隔,当天即进行覆膜封口,压好干燥碎泥。压泥分3次进行,第一次在封口当天进行,第二次加泥在第一次后10天进行,第三次加泥在第一次后20天进行,每次加泥厚度掌握在5cm。一般经过45天后成熟。

二、瓶装酸菜

(一)工艺流程

原料→修剪→切分→脱盐→调味→装瓶→封口→贴标→装箱→成品

(二)操作要点

1. 修剪、切分

修剪、切分应在清洁卫生的场地或操作台中进行,除去黑斑烂点等不可食用的部分,对个头较大的原料进行切分,以便装瓶。

2. 脱盐、沥水

将整理好的原料,通过输送带或人工运送至具有清洗和脱盐功能的自动脱盐槽中进行脱盐,脱盐时间约20min,然后采用自然方式进行沥水。

3. 装瓶、封口

根据市场需求来确定包装规格，每瓶质量有 1kg、3kg 等规格。装瓶时，先将包心芥装入瓶内，再将调味液倒入瓶中，要求固形物含量不少于 50%。然后用封口机封口。产品配料除了包心芥以外，还要加入适量辣椒，以及由水、食用盐和食品添加剂等配成的溶液，起到调味、调色、防腐、保鲜等作用。食品添加剂的种类较多，有谷氨酸钠、山梨酸钾、苯甲酸钠、冰乙酸、柠檬酸、亚硫酸钠、D-异抗坏血酸钠、脱氢乙酸钠等，可根据消费者口味、贮藏保鲜等要求来调配。如余姚市第五蔬菜精制厂制作瓶装酸菜的调味液按以下比例配制：100kg 水中，加入食盐 5.0%，冰醋酸 0.3%，柠檬酸 0.1%，味精 7.0%，山梨酸钾 0.5%。

4. 装箱、入库

经检验合格后的产品准予装箱，装箱完毕时应放入有检验员标识的产品质量合格证，并进行箱体的最后封合，按规定入库存放。

三、方便酸菜

方便酸菜，是以传统方法腌制而成的包心芥菜为原料，经修剪、切分、脱盐、压榨、调味、称重、装袋、抽气、密封、杀菌、冷却等工艺而制成的清洁卫生、开袋即食、携带方便、保存期较长的小包装酸菜。现将操作要点介绍如下。

(一)工艺流程

原料→修剪切分→脱盐压榨→调味拌料→装袋封口→杀菌冷却→装箱入库

(二)操作要点

1. 修剪、切分

对酸菜咸坯进行修剪后，移入多功能切菜机进行切分，可根据需要切成丝状或片状，厚度 2～3mm。

2. 脱盐、压榨

将切分好的原料通过输送带或人工运送至脱盐槽中脱盐，脱盐时间约17min。然后将原料移入可装500kg原料的不锈钢桶中进行压榨脱水。压榨时要缓慢地往下压，使菜块外部的明水及内部的可能压去的水分徐徐滤出，而不致使菜块变形或破裂。一般整个过程需要1h，压去水分40%。

3. 调味、拌料

根据所设计成品不同的风味类型及特点，用白糖、味精、柠檬酸、芥末、香油等不同性质的调味配料对其进行风味修饰和调味，以达到和符合所设计产品既定的风味和口感要求，满足消费者的需求。每次拌料的数量以50kg为好，以免拌和不均匀，影响风味。

其他称重、装袋、抽气、密封、杀菌、冷却、装箱、入库等流程要求同"方便榨菜"，这里不再赘述。

第七节　黄瓜加工技术

一、工艺流程

挑选分级→初腌→复腌→脱盐→初酱→复酱→包装杀菌→成品

二、操作要点

1. 原料要求

采购进厂的统货鲜黄瓜先分成大、中、小三级，分级的规格依企业标准或客户要求而定。一般可按鲜黄瓜大小来定，大：20条/kg左右，中：30条/kg左右，小：40～50条/kg。在分级的同时，要除去鲜黄瓜上的黄花，并剔去畸形瓜。

2. 初腌

黄瓜腌制一般在泥池中进行。腌制时，先铺一张PE薄膜，向池中放自来水至池深的2/3，并按每100kg鲜黄瓜加盐4～5kg的比例将盐倒入池中，不断搅拌，使盐充分溶解成盐水。然后将挑选后的鲜黄瓜下池腌制，将池腌满为止，并铺好竹栅，压上石头等重物，确保盐水浸没黄瓜。一般经过 36～48h，当黄瓜发软、池面有泡沫时翻池，转入复腌。

3. 复腌

复腌前，先铺 1 张旧的塑料薄膜，再铺 2 张新的 PE 薄膜。复腌用盐量仍按每 100kg 鲜瓜重量加盐 12～15kg 计算，其中留下总盐量的 30%用于封口。腌时一层瓜撒一层盐，底部少些，上部多些，将池腌满为止，池面成馒头形，最后撒盐封口压泥，压泥厚度 15cm。一般经 90 天即可成熟。

4. 脱盐

由于腌制后的黄瓜咸度较高，需要较长的脱盐时间，脱盐一般陶缸中进行。具体方法是：一般先放半缸水，然后将从腌制池中捞起的黄瓜倒入缸中，及时搅拌。脱盐时间与脱盐时的温度有关，一般气温 20℃以下时浸泡 24h，20～30℃浸泡 12h，30℃以上时浸泡 6h，使黄瓜咸度降至 7～8 度。脱盐完成后自然沥干。

5. 初酱

一般黄瓜与甜面酱的比例为 100 ∶ 20。先将经过脱盐的黄瓜倒入缸里，然后倒入甜面酱，拌匀后揿实黄瓜。隔天翻缸一次，翻缸次数视酱渍时的温度来确定，一般温度 25℃以上翻缸 4 次，气温 10～25℃时翻缸 7 次，10℃以下时翻缸 10 次。

6. 复酱

把初酱过的黄瓜用水清洗、沥干后，放入装有调味料的陶缸内进行第二次酱渍，酱渍时间同样根据温度来定，一般温度 30℃以上时 3 天，气温 20～30℃时 7 天，20℃以下时 10 天。调味料一般按水 100kg，白砂糖 16kg，一级酱油 20kg，茴香、桂皮、花椒等香辛料熬制的汁液 5kg 的比例配制。具体因市场及消费习惯而有所不同。

第八节 辣椒加工技术

一、腌制工艺

(一)工艺流程

选料→去蒂、除杂→腌制→封口加压→贮存

(二)操作要点

1. 选料

选用肉厚、质嫩、籽少、辣香纯正的红辣椒,最好选用羊角形的辣椒。腌制前及时摘去梗蒂,除去虫蛀、腐烂、过熟或有机械损伤的辣椒及杂物,以免杂物戳破薄膜。

2. 腌制

腌制辣椒用的池一般长3.0m、宽2.5m、深2.0m。食盐按鲜红椒重量的20%准备,其中2%用于盖面盐。腌制前,先铺一张旧薄膜,再铺二张新PE薄膜,然后在池角放置一个一般直径35~40cm、能放下抽水泵,并在表面钻好孔的塑料管。投放辣椒前先在底部撒一层盐,然后向池中投放辣椒,一边投放辣椒,一边撒盐,要确保撒盐均匀。在腌制过程中,为防止上部辣椒发热、腐烂,要把抽水泵放入塑料管中,把底部的盐水抽上来淋溶上部的辣椒,每天淋溶5~6次,直至整个池腌满,一般要求池中辣椒高出池面50cm。经过2天后,辣椒逐渐失水、下沉至池面平,撒好事先预留的盖面盐,并封好池口,用干燥碎泥压实,泥层厚度一般20cm,具体根据腌制池容积的大小灵活掌握。若腌制池较大,则压泥要厚些。一般腌制后2个月成熟。贮存期间腌制池的管理同“榨菜”。

二、辣椒酱的制作

(一)工艺流程

原料处理→调味→煮沸→灌装→成品

(二)操作要点

1. 原料处理

(1)辣椒咸坯。一般先用大型绞肉机将整个的辣椒绞碎,再用磨酱机磨成酱状。由于腌制辣椒的咸度达 20°左右,要边磨边加入冷却的开水,使辣椒酱的咸度降至 12°~13°。

(2)调味料。调味料主要有大蒜、生姜、油、食品添加剂等,具体用法和用量因消费者口味、贮存时期等因素而有所不同。大蒜、生姜等去除老皮及根后粉碎。油可以用食用植物油,也可以用芝麻油。但最好用芝麻油,以提高抗氧化能力,延长辣椒酱的贮存期。食品添加剂主要是助鲜剂和防腐剂。助鲜剂常用谷氨酸钠、呈味核苷酸钠等。防腐剂常用山梨酸钾。如宁波滨海区域的余姚,多数加工企业按 100kg 辣椒酱,加麻油 2kg、大蒜 3~5kg、生姜 2~3kg、味精 1~2kg、山梨酸钾 0.5kg 的比例来配制。

2. 调味煮沸

将事先准备好的调味料按比例放入磨好的辣椒酱中,并搅拌均匀。加热煮沸后,将辣椒酱盛在清洁、消过毒的不锈钢容器中,及时运送到包装车间。

3. 灌装封口

辣椒酱灌装用瓶有塑料瓶、玻璃瓶等,但以玻璃瓶为主,应事先在洁净的自来水中清洗干净,并在 100℃的开水中消毒 5min,取出晾干后待用。手工或半自动化灌装,自动封口机真空封口。要趁热灌装,以利于产品质量。

4. 杀菌包装

把辣椒瓶放入杀菌锅中,杀菌锅的水面应超过瓶面 15cm,加温至 100℃并保持 15min,冷却后用干净的纱布把瓶口擦拭干净,然后包装、移入仓库贮存。

附录　国家禁止和限制使用的农药名单

一、禁止生产销售和使用的农药名单(41种)

六六六、滴滴涕、毒杀芬、二溴氯丙烷、杀虫脒、二溴乙烷、除草醚、艾氏剂、狄氏剂、汞制剂、砷类、铅类、敌枯双、氟乙酰胺、甘氟、毒鼠强、氟乙酸钠、毒鼠硅,甲胺磷、甲基对硫磷、对硫磷、久效磷、磷胺、苯线磷、地虫硫磷、甲基硫环磷、磷化钙、磷化镁、磷化锌、硫线磷、蝇毒磷、治螟磷、特丁硫磷、氯磺隆,福美胂、福美甲胂、胺苯磺隆单剂、甲磺隆单剂(38种)	
百草枯水剂	自2016年7月1日起停止在国内销售和使用
胺苯磺隆复配制剂、甲磺隆复配制剂	自2017年7月1日起停止在国内销售和使用

二、限制使用的农药名单(19种)

中文通用名	禁止使用范围
甲拌磷、甲基异柳磷、内吸磷、克百威、涕灭威、灭线磷、硫环磷、氯唑磷	蔬菜、果树、茶树、中草药材
水胺硫磷	柑橘树、蔬菜
灭多威	柑橘树、苹果树、茶树、蔬菜
溴甲烷	草莓、蔬菜
氧乐果	蔬菜、柑橘树
硫丹	苹果树、茶树
三氯杀螨醇	茶树
氰戊菊酯	茶树
丁酰肼(比久)	花生
氟虫腈	除卫生用、玉米等部分旱田种子包衣剂外的其他用途
毒死蜱、三唑磷	自2016年12月31日起,禁止在蔬菜上使用

主要参考文献

陈雅妮，任顺成，辛亚楠．2013. 蔬菜加工保藏过程中亚硝酸盐含量的变化[J]. 中国瓜菜，26(2)：18－2.

陈仲翔，董英．2004. 泡菜工业化生产的研究进展[J]. 食品科技(4)：33－35.

方继功．1997. 酱类制品生产技术[M]. 北京：中国轻工业出版社．

郭斯统，朱烈，叶培根．2014. 雪菜与高菜[M]. 北京：中国科学技术出版社.

何绪晓．2008. 发酵辣椒酱工艺及保藏技术研究[D]. 贵州：贵州大学．

刘佩瑛．1996. 中国芥菜[M]. 北京：中国农业出版社.

刘新录．2014. 无公害农产品管理与技术[M]. 北京：中国农业出版社.

吴丹，陈建初，蒋高强．2008. 低盐软包装榨菜杀菌工艺条件的研究[J]. 中国调味品(11)：51－54.

许映君，张庆．2014. 出口蔬菜标准化生产与加工技术[M]. 北京：中国农业科学技术出版社.

杨春哲，冉艳红．2003. 乳酸菌在泡菜生产中的应用[J]. 中国食物与营养(1)：28－29.

杨性民，刘青梅，徐喜圆，等．2003. 人工接种对泡菜品质及亚硝酸盐含量的影响[J]. 浙江大学学报，29(3)：291－294.

赵晓燕．2013. 我国蔬菜采后加工产业现状及展望[J]. 中国蔬菜(3)：1－5.

中国食品科技网．2009－7－30. 辣椒加工技术[N].